胶凝砂砾石材料力学特性、耐久性及坝型研究

孙明权 等 著

中国水利水电出版社
www.waterpub.com.cn

·北京·

内 容 提 要

　　本书总结了胶凝砂砾石的发展历程和研究现状；针对影响胶凝砂砾石材料力学特性的主要因素进行了试验研究，并分析了胶凝砂砾石材料强度随之变化的规律；研究了胶凝砂砾石材料在温度变化和冻融影响下的耐久性能；研究了胶凝砂砾石坝体剖面的变化形式和相应的控制标准；介绍了虚加弹簧法的邓肯-张模型、摩尔-库仑软化模型、弹塑性损伤模型和多线性随动强化模型及其在胶凝砂砾石坝中的应用；以线性和非线性有限元方法研究了不同坝高及边坡对胶凝砂砾石坝体应力与位移的影响；通过模型试验研究和验证了胶凝砂砾石坝体的应力分布规律；采用有限元数值分析手段研究了不同气候条件下胶凝砂砾石坝的抗冻融性能和工程措施。

　　本书可供从事胶凝砂砾石材料科研、设计与工程相关技术人员使用，也可供大专院校相关专业师生学习参考。

图书在版编目（CIP）数据

胶凝砂砾石材料力学特性、耐久性及坝型研究 / 孙
明权等著. -- 北京：中国水利水电出版社，2016.9
　ISBN 978-7-5170-4813-8

　Ⅰ．①胶… Ⅱ．①孙… Ⅲ．①胶凝-砾石-材料力学
-研究 Ⅳ．①P619.22

中国版本图书馆CIP数据核字(2016)第253803号

书　　名	胶凝砂砾石材料力学特性、耐久性及坝型研究 JIAONING SHALISHI CAILIAO LIXUE TEXING、NAIJIUXING JI BAXING YANJIU
作　　者	孙明权　等著
出版发行	中国水利水电出版社 （北京市海淀区玉渊潭南路1号D座　100038） 网址：www.waterpub.com.cn E-mail：sales@waterpub.com.cn 电话：(010) 68367658（营销中心）
经　　售	北京科水图书销售中心（零售） 电话：(010) 88383994、63202643、68545874 全国各地新华书店和相关出版物销售网点
排　　版	中国水利水电出版社微机排版中心
印　　刷	北京嘉恒彩色印刷有限责任公司
规　　格	170mm×240mm　16开本　14.25印张　271千字
版　　次	2016年9月第1版　2016年9月第1次印刷
印　　数	0001—1000册
定　　价	**58.00元**

前　言

　　胶凝砂砾石材料是近年来提出的一种环保型建筑材料，它是将少量胶凝材料添加到河床砂砾石材料或开挖废弃料等容易在坝址附近获取的岩石基材中，采用简易的设备和工艺进行拌和后得到的一种低强度的筑坝材料，具有经济、环保等显著优点。目前，国内外对胶凝砂砾石坝的研究仍处于起步阶段，其基础理论和工程实践仍需不断深入研究。

　　本书是在水利部公益性行业科研专项经费项目"胶凝砂砾石材料力学特性、耐久性及坝型研究"基础上完成的。主要内容包括：第1章绪论，总结了胶凝砂砾石的发展历程和研究现状；第2章胶凝砂砾石材料力学性能研究，针对影响胶凝砂砾石材料力学特性的主要因素进行了试验研究，并分析了胶凝砂砾石材料强度随之变化的规律；第3章胶凝砂砾石材料耐久性试验研究，研究了胶凝砂砾石材料在温度变化和冻融影响下的耐久性能；第4章胶凝砂砾石坝剖面形式研究，研究了胶凝砂砾石坝体剖面的变化形式和相应的控制标准；第5章胶凝砂砾石材料本构模型，介绍了虚加弹簧法的邓肯-张模型、摩尔-库仑软化模型、弹塑性损伤模型和多线性随动强化模型及其在胶凝砂砾石坝中的应用；第6章胶凝砂砾石坝的有限元分析，以线性和非线性有限元方法研究了不同坝高及边坡对胶凝砂砾石坝体应力与位移的影响；第7章模型试验及评价，通过模型试验研究和验证了胶凝砂砾石坝体应力分布规律；第8章胶凝砂砾石结构冻融仿真及工程应用，采用有限元数值分析手段研究了不同气候条件下胶凝砂砾石坝抗冻融性能和工程措施。

　　本书由"胶凝砂砾石材料力学特性、耐久性及坝型研究"项目负责人孙明权教授负责全面编写工作。其中，柴启辉、韩立炜负责第1章和第2章编写，郭磊、郭利霞负责第3章编写，杨世锋、田青青负责第 4 章编写，杨世锋、许新勇、张建伟、黄虎负责第 5 章编写，杨世锋、彭成山负责第 6 章编写，丁泽霖负责第 7 章编写，陈守开、郭磊负责第 8 章编写。

在项目研究和本书编写过程中，项目组全体成员为项目研究及成果取得作出了应有的贡献。中国水利水电科学研究院、河海大学、郑州大学、河南省水利科学研究院、山西省水利水电勘测设计研究院等同行专家对项目研究提出了很多宝贵意见。我们将铭记胶凝砂砾石坝研究领域内专家对项目组的支持和鼓励；铭记中国水利水电出版社对本书的关怀和指导；铭记华北水利水电大学水利学院和水资源高效利用与保障工程河南省协同创新中心对本书付出的极大热情和帮助。在此谨向他们表示衷心的感谢。

由于作者水平有限，书中难免存在不足之处，敬请广大读者批评指正。

著　者

2016 年 6 月

目　录

第 1 章

绪　　论

1.1　研究背景及意义

胶凝砂砾石材料是将胶凝材料、水、河床原状砂砾石或开挖废弃料等工程建材通过简易设备拌和后得到的一种新型筑坝材料。胶凝砂砾石坝兼具碾压混凝土坝和堆石坝的优点。与碾压混凝土坝相比，水泥用量少，骨料制备和拌和设施大为简化，温控措施可以取消，施工速度明显加快，工程造价显著降低；与堆石坝相比，工程量显著降低，抗渗透变形和抗冲刷能力增强，具有明显的优越性。此外，由于人工材料的减少，骨料标准的降低，弃渣料的利用，可有效地节约资源，最大限度地避免土地植被的破坏，减少对自然环境的影响。因此，胶凝砂砾石坝属于经济、安全、施工方便、低碳、环境友好的新坝型。

随着近些年来大坝与自然环境的关系越来越受到公众的关注，如何在追求高效施工和低成本建设的现代筑坝技术与减少对自然环境影响两者之间做出平衡，已经成为未来筑坝技术的发展趋势。水库大坝作为实现水利水电开发的基础和载体，在水与水能资源综合利用上具有不可替代的作用，在未来支撑中国社会经济可持续发展中的地位与作用将进一步得到巩固与加强。《国家中长期科学和技术发展规划纲要（2006—2020 年）》在"水和矿产资源"重点领域，把"水资源优化配置与综合开发利用"列为优先主题。为实现水资源优化配置与综合开发利用需要建设大量的中小型水库。2011 年中央 1 号文件《中共中央　国务院关于加快水利改革发展的决定》中又明确提出"十二五"期间基本完成重点中小河流重要河段治理、全面完成小型水库除险加固的要求。2015 年《国家重点研发计划重点专项方案》在水资源高效开发利用专项重大水资源工程建设与安全运行技术方面明确提出"十三五"期间完善环境友好的水工程建设技术，实现国内唯一自主知识产权的胶结颗粒料坝的关键技术突破。因此，推广经济、安全、施工方便、低碳、环境友好的新坝型，具有广阔的应用前景和重要的现实意义。

1.2 国外胶凝砂砾石坝发展状况

胶凝砂砾石（Cemented Sand and Gravel，CSG）坝，最早由 Raphael J M 和 Londe P 提出，是基于碾压混凝土（RCC）坝、面板堆石坝而发展起来的。1970 年，在混凝土快速施工会议上，美国加利福尼亚大学 Raphael J M 教授发表了一篇名为《最优重力坝》的论文，他首次提出用 CSG 材料来筑坝；1972 年，针对加利福尼亚州 Castaic 坝上游面掺土水泥护坡理论，Raphael J M 又提出了一种剖面形式为上下游对称的"土水泥坝"理论。1988 年，在第 16 届国际大坝会议上，Londe P 提出了降低碾压混凝土中水泥的用量，同时修建上下游对称的坝体剖面；1992 年，Londe P 对这种坝型再次进行阐述，他认为在保证坝体安全的同时降低对碾压混凝土的技术要求，单纯地得到"硬填方"混凝土，这样造价会降低很多，同时具有较高的安全性能。Londe P 称这种筑坝材料为 Hardfill 材料，并将这一新坝型称为 FSHD（Faced Symmetrical Hardfill Dam）。

近年土耳其在硬填料坝理论研究及工程应用方面也有较快进展，Cindere 坝（坝高 107m）和奥尤克坝（坝高 100m）已开工兴建，其中 2002 年开工兴建的 Cindere 坝（胶凝材料含量为 $50kg/m^3$ 水泥和 $20kg/m^3$ 粉煤灰），坝体采用对称的梯形结构，只在上游面设置防渗面板和排水系统，坝体内部不做任何处理，是迄今为止世界范围内最高的 Hardfill 坝。

日本坝工界自 20 世纪 90 年代开始投入大量的人力、物力、财力致力于 Hardfill 坝技术的研究与应用，硬填料在日本称之为 CSG（Cemented Sand and Gravel）。1994 年，日本建造了 Kubusugawa 坝和 Tyubetsu 坝，这两座坝的上游围堰均采用 CSG 方式施工；坝高 33m 的 Nagashima 水库拦沙坝和坝高 14m 的 Haizuka 水库拦沙坝分别于 1999 年和 2002 年建成；2005 年，坝高 39m 的 Okukubi 拦河坝在冲绳县开工兴建。1991—1995 年，在长岛和久妇须川两座大坝的围堰施工中，采用在河床砂砾料中加入少量水泥作为围堰填筑材料来保证施工的快速进行。该筑坝技术不仅大幅降低成本，做到高效快速施工，而且建成的大坝具有较高的安全性。

根据统计资料，从 20 世纪 80 年代开始胶凝砂砾石坝在国外已建成几十座，其中日本、希腊、多米尼加、菲律宾、巴基斯坦、土耳其等国家均开展了相关的工程探索与实践。国外代表性胶凝砂砾石坝见表 1.2-1。

表 1.2-1	国外代表性胶凝砂砾石坝	
所在国家	坝名	坝高/m
希腊	Marathia	28
	Anomera	32
多米尼加	Moncion	28
菲律宾	Can-Asujan	40
法国	St Martin de Londress	25
土耳其	Cindere	107
日本	Nagashima	33
	Haizuka	14
	Okukubi	39
	Sanru	50
	Honmyogawa	62

1.3 国内胶凝砂砾石坝发展状况

我国的胶凝砂砾石筑坝技术研究始于 20 世纪 90 年代，武汉大学、华北水利水电大学、中国水利水电科学研究院等单位相继开展了相关的研究，对筑坝材料的力学性能、耐久性、本构模型、坝体剖面形式等方面进行了广泛探讨。2004 年，中国水利水电科学研究院、福建省水利水电勘测设计院和中国水利水电第十六工程局等单位合作，建成了我国第一座胶凝砂砾石坝，即坝高 16.3m 的福建尤溪街面水电站下游围堰。经过全面的研发与实践，我国已经取得了不少实质性的筑坝经验。2014 年，《胶结颗粒料筑坝技术导则》（SL 678—2014）的正式发布实施，为胶凝砂砾石坝的研究与发展奠定了基础。国内代表性胶凝砂砾石坝见表 1.3-1。

表 1.3-1	国内代表性胶凝砂砾石坝		
所在地区	坝　名	坝高/m	建成年份
贵州	道塘水库上游围堰	7.0	2004
福建	街面水电站下游围堰	16.3	2005
福建	洪口水电站上游围堰	35.5	2006
云南	功果桥水电站上游围堰	50.0	2009
贵州	沙沱水电站左岸下游围堰	14.0	2009
山西	守口堡水库胶凝砂砾石坝	60.6	在建

1.3.1　胶凝砂砾石材料试验

20 世纪 90 年代，武汉水利电力大学唐新军等在天然级配砂石料中掺入少量胶凝材料进行基本力学性能试验，研究发现：材料抗压强度受细骨料（粒径小于 5mm）和胶凝掺量的影响较为显著；胶凝砂砾石料的弹性模量远高于普通堆石料；粉煤灰有利于改善其硬化后的力学性能，可节省水泥的用量。

1995 年，华北水利水电学院孙明权等结合水利部重点科研项目——超贫胶结材料坝研究，通过试验得出：水灰比是影响超贫胶结材料抗压强度和弹性模量的主要因素，其最佳水灰比在 0.8～1.2 之间；材料抗剪强度随胶凝材料含量的增加有明显的提高；材料也存在剪胀性特征。

2003 年，华北水利水电学院孙明权等试验分析了水灰比、砂率对固结砂砾料混凝土性能的影响，试验得出：在试验选取"最佳水灰比"与"合理砂率"的条件下，其试样强度值达到最大；在固结砂砾料混凝土内掺入粉煤灰，可使材料的强度有一定的提高。

2006 年，武汉大学何蕴龙等进行了关于 Hardfill 坝理论问题的研究，通过进行各种配合比设计试验，分析了影响 Hardfill 材料强度的各种因素，试验表明：水胶比、砂率、胶凝材料用量、粉煤灰掺量等对 Hardfill 材料抗压强度有明显影响，其中水胶比对材料强度影响最明显，存在"最佳水胶比"与"合理砂率"。

2007 年，华北水利水电学院孙明权等在试验的基础上，给出了超贫胶结材料配合比设计的基本参数以及最优水灰比数值、粉煤灰超代系数，同时对不同胶凝掺量的胶凝砂砾石料进行了三轴剪切排水试验，结果表明这种材料的应力应变曲线具有明显的非线性及软化特征。

2010 年，河海大学蔡新等在完成材料的抗压、抗折试验之外，进行了三轴试验，研究了胶凝砂砾石材料的破坏强度、初始弹性模量与围压之间的关系以及材料泊松比与应力状态之间的关系。

2011 年，中国科学院力学研究所吴梦喜等对不同龄期的胶凝砂砾石进行了三轴试验研究，进一步揭示了材料的强度和应力应变特征。

2013 年，中国水利水电科学研究院贾金生等系统研究了胶凝砂砾石材料配合比设计中水胶比、水泥用量、粉煤灰掺量、砂率、含泥量等参数对强度的影响，并推荐了适用于胶凝砂砾石工程的配合比设计参数取值范围，同时针对工程迫切关注的问题，对长期水压力下这种材料的渗透溶蚀性能进行了试验研究。

1.3.2　胶凝砂砾石材料本构模型

在胶凝砂砾石材料本构关系方面，国内学者多是参照日本的做法将胶凝砂砾石材料看作混凝土材料，采用线弹性的本构关系来研究；也有将胶凝砂砾石材料视为堆石料，并采用邓肯-张本构关系（或修正后的邓肯-张本构关系）来研究。

2003 年，华北水利水电学院孙明权在三轴试验成果的基础上，通过对三轴试验数据的分析，认为胶凝砂砾石的应力应变曲线经过适当的处理，其与堆石料的应力应变曲线比较接近，建议采用虚加刚性弹簧法建立该材料的本构模型，并给出了相关参数的确定方法。

2006 年，武汉大学何蕴龙结合大量试验，采用弹性模型描述该材料的特性，从而建立了 Hardfill 材料 9 参数本构模型。模型共有 9 个参数，均可以通过三轴试验方便地确定。

2010 年，河海大学蔡新等在胶凝砂砾石料基本材料试验和三轴试验的基础上，总结出一个可以反映胶凝砂砾石材料变形特性的非线性弹性应力应变关系，通过对试验数据的回归分析得出了反映胶凝砂砾石应力应变特性的本构模型。

2011 年，中国科学院力学研究所吴梦喜等在对不同龄期的胶凝砂砾石进行三轴试验研究的基础上，提出了基于应变一致假定的二元并联概念模型，该模型既能描述胶凝砂砾石应力应变非线性特征又能描述模量随龄期增长的特征。

2013 年，华北水利水电学院孙明权针对 $E-\nu$ 模型的缺点对胶凝砂砾石料进行了 $K-G$ 模型的适用性探讨，并对该模型的应力应变理论预测曲线和试验曲线进行了对比。

1.3.3　胶凝砂砾石坝剖面设计

国外在修建胶凝砂砾石坝中通常默认大坝断面为对称梯形断面，对胶凝砂砾石坝断面的优化和最优断面影响因素的研究较少。国内学者在胶凝砂砾石坝结构静动力分析的基础上，进行了一些断面优化设计研究。

2005 年，武汉大学何蕴龙等研究了 CSG 不同断面的静力、动力特性，表明 CSG 坝结构安全度和稳定性高，抗震性能好，而对称断面或者上下游接近的断面具有良好的受力特性，是值得推荐的断面形式。

2007 年，华北水利水电学院孙明权等系统地分析了不同胶结材料含量情况下超贫胶结材料的应力应变关系、抗剪强度指标和相应的残余强度，提出了针对不同胶凝含量的超贫胶结材料坝的"三段设计法"，阐述了坝体剖面的过渡形式。

2013 年，中国水利水电科学研究院贾金生等对胶凝砂砾石坝最优断面进行了研究，探讨了胶凝砂砾石断面与材料设计允许强度、坝高及基岩条件等影响因素的关系，提出了胶凝砂砾石坝最优对称断面的适用范围。

1.4 存在的问题与研究内容

基于胶凝砂砾石坝的优越性能，该坝型在国内外均具有十分广阔的应用前景，需将筑坝材料特性、坝体剖面尺寸、施工技术、坝体安全性与经济性等方面综合考虑，形成一套完整的设计理念。但由于胶凝砂砾石坝发展历时短，尤其对胶凝砂砾石材料的力学性能、耐久性及坝型研究不够深入系统，剖面设计缺乏理论支撑，难以确定安全、经济的合理剖面。致使该坝型在国内应用多局限于临时工程或辅助工程。著者认为胶凝砂砾石坝的研究存在以下4个方面的问题。

（1）胶凝砂砾石材料力学性能研究大多采用常规单轴抗压试验，虽然也有部分抗拉和三轴试验成果，但是对同一配比的材料同时进行抗拉、抗压和抗剪系统试验研究不够。难以确定其系统的强度指标，急需同时对不同水泥用量、骨料级配、砂率、粉煤灰掺量等进行大量的常规单轴试验和大三轴试验研究，建立材料性能指标体系。

（2）对胶凝砂砾石材料的本构特性认识还不够深入，多是将胶凝砂砾石材料看作混凝土材料，采用线弹性的本构关系来模拟。但通过现有研究成果，普遍认为胶凝砂砾石材料应力应变关系为明显的非线性软化曲线，线弹性本构关系不能准确地模拟胶凝砂砾石材料的实际应力应变状态，需要建立适合胶凝砂砾石材料自身特点的本构模型。

（3）由于胶凝砂砾石材料中水泥用量较少，与常规混凝土相比，材料本身强度低，抗渗透性能差，易产生冻胀、渗透、溶蚀等影响工程耐久性的问题，其中温度变化和冻融破坏是影响胶凝砂砾石材料耐久性的重要因素，但目前这方面的研究工作还不够深入。

（4）由于上述基础研究不够深入，无法对胶凝砂砾石坝进行合理的应力及变形分析，不能够准确掌握坝体实际应力应变分布状态，也难以确定合理的剖面设计原则和控制标准，从而也就难以确定合理的坝体型式和进行安全、经济、耐久的坝体剖面设计。

鉴于以上问题，反映出胶凝砂砾石坝的基础理论研究还不够充分，严重影响到该优越坝型的发展。本书拟通过系统的试验研究，掌握胶凝砂砾石材料的力学特性；建立符合其材料特性的本构关系；经冻融试验，确定热学参数；通过仿真分析，确定胶凝砂砾石坝剖面设计原则和控制标准；从材料配比和工程结构措施两个方面提出增强胶凝砂砾石坝耐久性能的措施和方法。主要研究内容如下。

（1）胶凝砂砾石材料力学特性试验与研究。针对影响胶凝砂砾石材料力学特性的主要因素，进行系统的试验与研究。选取天然河道的砂卵石作为骨料，通过筛分，取不同颗粒级配、水泥用量、粉煤灰掺量、含砂率、水灰比、龄期、试件尺寸等同时进行常规抗拉、抗压试验和大三轴剪切试验，得出相应的应力应变关系曲线，研究胶凝砂砾石材料强度随之变化的规律。

（2）胶凝砂砾石材料耐久性研究。重点针对胶凝砂砾石材料在温度变化及冻融影响下的耐久性问题进行深入研究。

1）采用混凝土快速冻融试验设备，对多个配合比的胶凝砂砾石进行室内抗冻性能试验，找出合适的测试方法，确定其相对耐久性指标；使用外加剂、粉煤灰、硅粉等对胶凝砂砾石材料进行改性试验研究，探讨提高材料抗冻耐久性的方法、途径和可行性。

2）采用新型混凝土热物理参数测定仪，进行不同初始温度绝热温升试验，获得同龄期条件下自身不同配合比、不同初始温度的绝热温升过程的试验数据，同时测定导温和比热两项参数，为仿真分析提供计算基础数据。

（3）胶凝砂砾石材料本构模型研究。前期著者本着尽量贴近工程实际、计算分析方便的原则，采用"虚加弹簧法"解决了材料的软化特性并建立了相应的本构模型。此次在分析和对比所得大量应力应变关系曲线的基础上，同时采用其他解决材料软化特性的方法，建立相应的本构模型，对比各模型的特点及适宜性，选择适合于胶凝砂砾石材料性能的本构模型，并根据试验成果确定相应的模型参数。

（4）胶凝砂砾石坝剖面设计原则及坝型研究。胶凝砂砾石坝剖面设计，只有清楚了解胶凝砂砾石材料的力学特性，建立符合胶凝砂砾石材料特性的本构模型，并在此基础上对胶凝砂砾石坝进行合理的应力应变分析，掌握坝体实际应力应变分布状态，将坝体实际应力应变状态与筑坝材料的强度标准相结合，才能判断坝体上、下游边坡究竟是由抗拉、抗压强度控制还是由抗剪强度控制，进而确定合理的控制标准和剖面设计原则。

根据所确定的材料性能指标体系和本构模型，通过大量的仿真分析，制定胶凝砂砾石坝合理的控制标准和剖面设计原则；分析胶凝砂砾石坝上、下游边坡确定的控制条件；研究不同强度指标下应力、应变控制标准和坝体设计边坡及坝高等，拟定合理的胶凝砂砾石坝坝型和剖面形式，研究胶凝砂砾石坝上、下游边坡确定的理论依据和计算方法。

（5）胶凝砂砾石坝耐久性仿真分析。完善温度场流固耦合有限元全过程仿真分析程序，建立胶凝砂砾石材料非线性控制微分方程和非线性边界热学特性的温度场基本理论模型，确定不同防冻防裂条件下复合材料边界热学特性，根据实测气温资料，拟定受冻和融化温度及持续时间；以抗冻试验中的冻融破坏次数（试验结果）为标准进行长期仿真分析，从而确定在实际工程条件下，胶凝砂砾石坝的冻融破坏时间和冻融影响深度；拟定防冻裂工程和结构措施方案，并赋予基于数学优化算法的反分析研究，从而提出满足工程防冻防裂要求的结构措施或工程措施。

第 2 章

胶凝砂砾石材料力学性能研究

国内外学者对胶凝砂砾石材料力学性能进行试验研究时选取的主要影响因素通常有胶凝材料用量、砂率、水胶比，且大都采用常规单轴抗压试验方法。但是，对不同配合比下多影响因素，以及对同一配比下的材料同时进行抗拉、抗压和抗剪系统试验研究不够，难以确定其系统的强度指标。

本章以天然河道的砂砾石作为骨料，选取不同颗粒级配、水泥用量、粉煤灰掺量、砂率、水胶比、龄期、试件尺寸等变化因素同时进行常规抗拉、抗压试验和大三轴剪切试验，得出相应的应力应变关系曲线，研究胶凝砂砾石材料强度随之变化的规律。

2.1 试验材料选取及性能

混凝土由水泥、水、砂（细骨料）和石子（粗骨料）4 种基本材料组成。为节约水泥或改善混凝土的某些性能，常掺入一些外加剂和掺合料。水泥和水构成水泥浆；水泥浆包裹在砂颗粒的周围并填充砂子颗粒间的空隙形成砂浆；砂浆包裹石子颗粒并填充石子间的空隙，组成混凝土。在混凝土拌和物中，水泥浆在砂、石颗粒之间起润滑作用，使拌和物具有和易性，易于施工。水泥浆硬化后形成水泥石，将砂、石胶结成整体。砂、石子一般不与水泥起化学反应，其作用是构成混凝土骨架。

胶凝砂砾石材料和混凝土性质相似，也由胶凝材料（主要指水泥和粉煤灰）、水、砂（细骨料）和石子（粗骨料）4 种基本材料组成。

2.1.1 水泥

水泥呈粉末状，与水混合后，经过物理化学过程能由可塑性浆体变成坚硬的石状体，并能将散粒材料胶结成为整体，是一种良好的矿物胶凝材料。水泥不仅能在空气中硬化，还能更好地在水中硬化，保持并发展强度，属于水硬性胶凝材料。

在胶凝砂砾石材料中，水泥作为主要的胶凝材料，对胶凝砂砾石材料的力学特性有显著的影响，水泥等级越高，水泥石的强度会越高，与材料胶结强度也会越高，进而体现为胶凝砂砾石材料强度的提高，因此，水泥品种和标号的选取变得极为重要。《胶结颗粒料筑坝技术导则》（SL 678—2014）对胶凝砂砾石材料中水泥的要求为：凡符合 GB 175、GB 200 的硅酸盐系列水泥均可用于胶结颗粒料筑坝；当胶结材料中掺入粉煤灰等矿物掺合料时，水泥宜优先选用硅酸盐水泥、普通硅酸盐水泥、中热或低热硅酸盐水泥。

参考国内多数混凝土工程多采用 32.5MPa、42.5MPa 或 52.5MPa 等级的硅酸盐水泥或普通硅酸盐水泥，水利工程属大体积结构，有低水化热的要求，而且多利用后期强度，根据"超贫胶结材料坝研究"，推荐胶凝砂砾石材料使用 425 号水泥为好。因此，此次试验中的水泥，选用河南多样达水泥有限公司生产的 425 号普通硅酸盐水泥，其物理力学指标见表 2.1-1。

表 2.1-1　　　　　　　　　　水泥的物理力学指标

技术要求	标准值	检验值	技术要求	标准值	检验值
安定性	合格	合格	3d 抗折强度/MPa	≥3.5	5.2
三氧化硫含量/%	≤3.5	2.60	单块强度/MPa		
氧化镁含量/%	≤5.0	—	3d 抗压强度/MPa	≥17.0	28.3
烧失量/%	≤5.0	3.03	单块强度/MPa		
初凝时间/min	≥45	168	28d 抗折强度/MPa	≥6.5	—
终凝时间/min	≤600	230	单块强度/MPa		
氯离子含量/%	≤0.06	0.025	28d 压折强度/MPa	≥42.5	—
碱含量/%	—	—	单块强度/MPa		

注　1. 水泥品种为普通硅酸盐水泥，强度等级为 42.5MPa。
　　 2. 该水泥厂出具的检验报告单显示购买批次产品符合《通用硅酸盐水泥》（GB 175—2007）规定的技术要求。

2.1.2　粉煤灰

粉煤灰是煤粉经高温燃烧后形成的一种似火山灰质的混合材料。它是燃烧煤的发电厂将煤磨成 $100\mu m$ 以下的煤粉，用预热空气喷入炉膛成悬浮状态燃烧，产生混杂有大量不燃物的高温烟气，经集尘装置捕集就得到了粉煤灰。粉煤灰的化学组成与黏土相似，主要成分为 SiO_2、Al_2O_3、Fe_2O_3、CaO 和未燃尽碳。大量研究表明，粉煤灰属于活性材料，具有一定的胶凝性能。

通过以往的研究和工程经验得知，在混凝土中加入一定量的粉煤灰可以提高混凝土的强度，同时可以有效地改善混凝土的耐久性能。将粉煤灰作为胶凝材料加入胶凝砂砾石材料当中，粉煤灰不仅起到了胶结骨料、增加材料强度的作用，在一定条件下，粉煤灰自身也可以参与化学反应，与水泥水化后的产物 $Ca(OH)_2$ 产生二次反应后会生成 C-S-H 及 C-A-H 凝胶物质，产生一定强度，对硬化浆体起增强作用，从而增强材料的强度，但是反应速度较慢，前期对材料强度提高程度不明显，但对材料后期强度提高效果显著。大量实践证明，在混凝土中掺入粉煤灰，可以有效地改进混凝土的性能，提高材料的施工性，在提高强度的同时还可以减少粉煤灰对社会环境的污染。

《胶结颗粒料筑坝技术导则》（SL 678—2014）对胶凝砂砾石材料中水泥的要求为：胶结颗粒料中可掺入粉煤灰、粒化高炉矿渣粉、硅灰、沸石粉、磷渣粉、火山灰、复合矿物掺合料等。掺用的品种应通过试验确定。导则中对自密实混凝土规定宜使用Ⅰ级或Ⅱ级粉煤灰，对胶凝砂砾石材料未做要求。

此次试验粉煤灰采用郑州热电厂干排 F 类Ⅱ级粉煤灰，其技术性能见表2.1-2。

表 2.1-2　　　　　　　　　　粉煤灰的技术性能

密度/(g/cm³)	45μm 筛余/%	需水量比/%	化学成分/%				
			SiO$_2$	Fe$_2$O$_3$	Al$_2$O$_3$	CaO	烧失量
2.11	17	102	59.61	7.41	21.33	4.24	1.78

2.1.3　砂石料

胶凝砂砾石材料最主要的特点就是直接利用天然河道的原状砂砾石，不筛分直接拌和，以降低材料造价。但是经过前期的研究，砂石料的级配对胶凝砂砾石材料的力学特性产生重要影响。而实际工程中，各地天然河道原状砂砾石级配又各不相同，为研究不同级配对材料性能的影响，必须选择合适的砂砾料场，经过筛分、配比，以研究其影响规律。著者在前期试验准备阶段，先后考察了禹州市颍河段某料场（图2.1-1）、三门峡市洛河段某料场（图2.1-2）和汝州市汝河段河道砂石料场（图2.1-3和图2.1-4）。对不同河流的不同料场进行比选。禹州市颍河段某料场，骨料粒径偏大，多为漂石，且含砂率低，泥土含量高；三门峡市洛河段某料场，储备偏低，且骨料为人工碎石，得不到原级配曲线；汝州市汝河段河道砂石料场，骨料主要是原状砂砾料，料源充足，级配完整。经比选，最终选择汝州市汝河段河道砂砾料为试验用料。

图 2.1-1　禹州市颍河段某料场　　　　图 2.1-2　三门峡市洛河段某料场

图2.1-3　汝州市汝河段河道
砂石料场（近景）

图2.1-4　汝州市汝河段河道
砂石料场（远景）

2.1.3.1　砂

为研究不同砂率对材料性能的影响，试验细骨料采用汝州市北汝河料场河砂，主要由两部分组成：一部分是从原状砂砾料中筛分得到的砂料（原状砂砾料砂率在 0.22 左右）；另一部分是从料场直接购买的水洗后的河砂。试验前参照《水工混凝土试验规程》（SL 352—2006）中 2.1 节"砂料颗粒级配试验"相关规程，对其细度模数进行了测定。砂料细度模数按式（2.1-1）计算：

$$FM=\frac{(A_2+A_3+A_4+A_5+A_6)-5A_1}{100-A_1} \qquad (2.1-1)$$

式中：FM 为砂料细度模数；A_1、A_2、A_3 为 5.0mm、2.5mm、1.25mm 各筛上的累计筛余百分率；A_4、A_5、A_6 为 0.63mm、0.315mm、0.16mm 各筛上的累计筛余百分率。

细度模数以两次试样测量的平均值作为最终取值。若各筛筛余量和底盘中粉砂质量的总和与原试样质量相差超过试样量的 1%，或两次测试后计算得到的细度模数相差超过 0.2，则应重做试验。此次试验取两个样本进行，测得的细度模数见表 2.1-3。

表 2.1-3　　　　　　砂料细度模数测定

指标	试样编号	样品质量/g	筛　　径/mm								筛后样品质量/g	细度模数
			10	5	2.5	1.25	0.63	0.315	0.16	≤0.16		
筛余量/g	1	500	0	29	67	70	88	125	86	34	499	2.58
	2	500	0	29	67	67	86	128	84	37	498	2.56
累计筛余百分率/%	1		0	5.8	19.2	33.3	50.9	76.0	93.2	100		
	2		0	5.8	19.3	32.7	50.0	75.7	92.6	100		

从表 2.1 - 3 中可以得出,购买的河砂的细度模数为 2.58,属于中砂。《胶结颗粒料筑坝技术导则》(SL 678—2014) 中指出,天然料中砂子的细度模数宜在 2.0~3.3 之间,此次试验采购的河砂满足导则要求。

2.1.3.2 石子

此次试验要探究不同骨料级配、不同砂率对材料的性能影响。为了便于试验,调整不同配比,试验石子(粗骨料)采用汝州市北汝河料场砂砾石,骨料包括两种:一种是经水洗处理后的砂石骨料(简称配料),其含砂率经筛分试验计算为 2.81%,含砂率相对较低,20mm 以上 80mm 以下粒径的骨料偏多;另一种是未经任何处理的原状砂砾料(简称毛料),其含砂率经筛分试验计算为 22.11%,含砂率较高。砂砾料本身质地坚硬,强度指标高。骨料的颗粒级配曲线如图 2.1 - 5 所示。

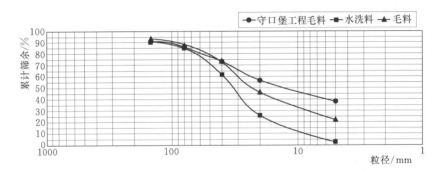

图 2.1 - 5 颗粒级配曲线

为了测定石料的颗粒级配,供胶凝砂砾石配合比设计时选择骨料级配,对石子分别用孔径为 150mm、80mm、40mm、20mm 的方孔筛网进行筛分,经人工分级筛分后,放置料仓,两种骨料的级配见表 2.1 - 4 和表 2.1 - 5。

表 2.1 - 4　　　　　　　　　水 洗 料 级 配 表

骨料品种	累 计 筛 余/%					含砂率/%
	5~20mm	20~40mm	40~80mm	80~150mm	>150mm	
配料	22.91	36.52	23.09	5.75	8.92	2.81

表 2.1 - 5　　　　　　　　　毛 料 级 配 表

骨料品种	累 计 筛 余/%					含砂率/%
	5~20mm	20~40mm	40~80mm	80~150mm	>150mm	
毛料	23.83	26.64	15.77	5.61	6.04	22.11

从表 2.1-4 和表 2.1-5 中可以看出，试验用砂砾料级配连续。试验过程中对 5～20mm、20～40mm 粒径的骨料使用量大，该料场的骨料能最大限度地满足试验要求，对骨料的利用率高。

2.2 配合比设计

"超贫胶结材料坝研究"中指出，超贫胶结材料是一种复杂的新型筑坝材料，其影响因素主要有水泥用量、粉煤灰掺量、水灰比、砂率、骨料级配、龄期等。且得出结论：①水灰比是影响超贫胶结材料配合比设计和技术性能的关键参数之一，超贫胶结材料水灰比最佳取值范围为 0.8～1.2。二级配超贫胶结材料水灰比取 1.0，三级配超贫胶结材料水灰比取 0.9。②砂率是影响超贫胶结材料配合比设计的另一个关键参数，超贫胶结材料的最优砂率为 0.2。③超贫胶结材料使用 425 号水泥为好，水泥用量不宜大于 80kg/m³，否则就失去其造价低的优势。④超贫胶结材料应掺用粉煤灰，使用"超量取代法"进行配合比设计，粉煤灰取代水泥 10%、超代系数 20%，粉煤灰取代砂 30%～50% 时，超贫胶结材料强度最大、力学性能较好。

《胶结颗粒料筑坝技术导则》（SL 678—2014）对胶凝砂砾石材料配合比设计也提出了要求：①胶凝材料用量不宜低于 80kg/m³，其中水泥熟料用量不宜低于 32kg/m³。当低于以上值时应进行专门论证。②掺合料应根据水泥品种、水泥强度等级、掺合料品质、胶凝砂砾石设计强度等具体情况通过试验确定。当采用硅酸盐水泥、普通硅酸盐水泥、中热或低热硅酸盐水泥时，粉煤灰和其他掺合料的总掺合量宜小于 40%～60%。当采用矿渣硅酸盐水泥、火山灰质硅酸盐水泥、粉煤灰硅酸盐水泥、复合硅酸盐水泥时，粉煤灰和其他掺合料的总掺量宜小于 30%。③水胶比应根据设计提出的胶凝砂砾石强度要求和砂砾石的特性确定，水胶比宜控制在 0.7～1.3。④胶凝砂砾石中砂率宜为 0.18%～0.35%。不满足要求时，可通过增加胶凝材料用量或通过掺配砂料或石料调整级配。

为了达到试验目的，试验配合比的设计结合了"超贫胶结材料坝研究"成果，同时参照《胶结颗粒料筑坝技术导则》（SL 678—2014）的相关结论和要求进行。

（1）水泥用量。水泥是影响胶凝砂砾石材料力学性能的主要因素，因此研究不同水泥用量对材料特性的影响是胶凝砂砾石材料研究的焦点之一。根据"超贫胶结材料坝研究"水泥用量大于 80kg/m³ 时，超贫胶结材料就失去了超贫的特点的结论，此次试验制定水泥用量分别为 70kg/m³、60kg/m³、50kg/m³ 和 40kg/m³。

（2）粉煤灰掺量。粉煤灰是活性混合材料，在胶凝砂砾石材料中掺入一定量的粉煤灰，可以增大胶凝材料总量，改善胶凝砂砾石材料的施工性，提高胶凝砂砾石材料的强度，此次试验结合"超贫胶结材料坝研究"的相关结论，并根据工程常见配比，让胶凝材料总量（水泥和粉煤灰总量）控制在 $80kg/m^3$、$90kg/m^3$ 和 $100kg/m^3$，变化粉煤灰掺量，研究粉煤灰掺量变化对强度的影响。此次试验所用粉煤灰掺量分别为 $50kg/m^3$、$40kg/m^3$、$30kg/m^3$ 和 $20kg/m^3$。

（3）水胶比。水胶比是影响胶凝砂砾石材料配合比设计和技术性能的关键参数之一，参照"超贫胶结材料坝研究"的相关结论，水灰比是影响胶凝砂砾石材料抗压强度和抗压弹性模量的主要因素，当水灰比增大时，胶凝砂砾石材料的抗压强度和抗压弹性模量也随之增大并出现峰值，随后水灰比再增大时，胶凝砂砾石材料的抗压强度和抗压弹性模量反而减小，即存在"最优水灰比"。

根据《胶结颗粒料筑坝技术导则》（SL 678—2014）和原有试验结果，胶凝砂砾石材料的最优水灰比取值范围在 0.7～1.3 之间。在实际工程中，以国内目前正在建设的守口堡工程为例，使用的水胶比为 1.58，大水胶比对于胶凝砂砾石材料力学性能的影响也应列入研究范围。因此，此次试验设定水胶比的取值主要为 0.8、1.0、1.2、1.4 以及少量的 1.58 配合比。

（4）砂率。砂率是影响胶凝砂砾石材料性能的另一个主要影响因素，砂率的大小会影响试件的密实性和材料的胶结性，进而影响材料强度；在同等强度情况下，影响着胶结材料的用量，从而影响材料的成本。

胶凝砂砾石材料是一种将胶凝材料和水添加到河床砂砾石材料或开挖废弃料等在坝址附近易获取的岩石基材中，然后利用简易设备和工艺进行拌和后得到的新型筑坝材料。其最大的特点和优势就是"根据当地材料特性，尽量不筛分，不改变级配，不配料"，砂率宜为当地料场原砂率。本书研究砂率的变化对强度的影响，为更多的实际工程提供指导意义，故根据《胶结颗粒料筑坝技术导则》（SL 678—2014）和原有试验结果，此次在配合比设计时，砂率分别取 0.1、0.2、0.3 和 0.4。

（5）粗骨料级配。在此次试验中，定义粒径介于 5～20mm 之间的石子为小石子，定义粒径介于 20～40mm 之间的石子为中石子，定义粒径介于 40～80mm 之间的石子为大石子，定义粒径介于 80～150mm 之间石子的特大石子。石子级配比初选参照《水工混凝土试验规程》（SL 352—2006），见表 2.2-1。

表 2.2-1　　　　　　　　　石子级配比初选表

级配	石子最大粒径/mm	卵石级配（小：中：大：特大）	碎石级配（小：中：大：特大）
二	40	40：60：—：—	40：60：—：—
三	80	30：30：40：—	30：30：40：—
四	150	20：20：30：30	25：25：20：30

注　表中比例为质量比。

（6）表观密度。根据《胶结颗粒料筑坝技术导则》（SL 678—2014）和原有试验结果，初选取值为 2350kg/m³（此表观密度，在试验成型后复核，样本最大波动不超过 2%）。

2.3 试验标准及试件制备

2.3.1 试验标准

国内学者对胶凝砂砾石材料力学特性试验的研究相对较少，尚未形成一套完整的统一规范。但鉴于胶凝砂砾石材料特性介于碾压混凝土与土石料之间，故此次试验参照《水工混凝土试验规程》（SL 352—2006）和《土工试验规程》（SL 237—1999）进行。

胶凝砂砾石材料三轴试验因研究较少，尚未形成统一成熟的规范理论，试验方法仍需探讨研究，试验也参照《水工混凝土试验规程》（SL 352—2006）和《土工试验规程》（SL 237—1999）进行。试验过程中对比进行《土工试验规程》（SL 237—1999）中的不固结不排水试验（不饱和）和饱和状态下的固结排水试验，其中主要以不固结不排水试验为主，试样尺寸为 $\phi150\text{mm} \times H300\text{mm}$，施加围压为 200kPa、400kPa、600kPa、800kPa、1000kPa，此外，试验过程中采用应变控制，以 0.2%/min 的剪切速率进行试验。

图 2.3-1 斜筛法

2.3.2 试样制备

2.3.2.1 骨料筛分

（1）为实现全级配骨料筛分，著者自制了一套骨料筛分系统。试验过程中粒径大于 20mm 的粗骨料筛分采用斜筛、平筛和人工振动筛分 3 种筛分方案。

1）斜筛法。借鉴普通混凝土施工中粗砂筛分原理进行筛分，如图 2.3-1 所示，砂砾料会在自重的作用下迅速地沿着筛网滚落下来，骨料与筛网发生碰撞、摩擦，部分粒径小于相应的筛网孔径的砂砾石透过筛网，相应粒径骨料一次通过率不足 40%，大部分砂砾石料未经筛分直接沿着筛网滚落到筛网底端。骨料筛分不能满足级配要求，且循环筛分的任务量大，耗费人力和时间。

2）平筛法。将筛网平放置于支架中间，在支架的横梁两端各焊接两根铁链，便于悬挂筛网。筛网下面的空间可以储存粒径小于筛网孔径的砂砾石，粒径大于筛网孔径的砾石滞留在筛网上，在筛网的一端有出料口，方便卸料。筛分过程中握住筛网一端的把手，平行晃动，相应粒径骨料一次通过率大于90%。但粒径大于筛网孔径的砾石很容易镶嵌在筛网里，这样就阻挡了上层砂砾石中粒径小于筛网孔径的砾石的筛分。需要不停地人工将镶嵌在筛网里的大石子剔除，因此采用此种筛分方案，每次的筛分量很少，耗费时间，如图 2.3-2 所示。

图 2.3-2 平筛法

3）人工振动筛分法。筛网摆放方式依然采用平筛法的方式，这种筛分方案的工作原理与大型振筛机的工作原理相同，如图 2.3-3 所示，为了提高筛分的质量和效率，在筛分过程中辅助人工的上下振动，抬起筛网的一端（设为A），依靠筛网另一端（设为 B 端）和支架的支撑，迅速撤销对 A 端施加的力，筛网上的骨料因为惯性作用与筛网脱离并在自重作用下迅速落到筛网上，骨料粒径小于筛网孔径的被很好地筛分出去，落于筛网下面，这样来回数次直至充分筛分，试验人员再经手动划拨至没有骨料漏下筛网为止，这种筛分方式可以达到质好量大的目的，且筛分效率高。

试验过程中对于粒径大于 20mm 的粗骨料筛分，推荐采用人工振动筛分方案。

图 2.3-3　人工振动筛分法

（2）对于粒径小于 20mm 的粗骨料的筛分分别采用人工筛分、振筛机筛分和振动台筛分 3 种方案。

1）人工筛分法。人工手持筛网进行筛分，这种筛分方式可行，但其缺点也尤为突出：由于试验用量大且砂砾石料中含有泥，在筛分的过程中尘土飞扬；另外，每次的筛分量小，且严重耗费体力。

2）振筛机筛分法。这种筛分方法的缺点是：每次的筛分量小且速度慢；3 个不同粒径出料口相距太近，出料易混；粒径小于 5mm 的骨料易受振筛机的振动和坡度的影响在最大粒径出料口排出，如图 2.3-4 所示。

图 2.3-4　振筛机筛分法

3）振动台筛分法。采用振动台筛分法对粒径小于 20mm 的砂砾石料进行筛分，选用不同孔径的筛网，上面加盖，下面用底盘，这样有效地避免了粉尘，同时加快了筛分速度，也减轻了体力消耗，如图 2.3-5 所示。

图 2.3-5 振动台筛分法

试验过程中对于粒径小于 20mm 的粗骨料筛分，推荐采用振动台筛分方案。

各粒径区间的骨料经筛分处理后，储存在相应的料仓，便于试验配合取料，如图 2.3-6~图 2.3-9 所示。

图 2.3-6 5~20mm 粒径骨料

图 2.3-7 20~40mm 粒径骨料

图 2.3-8 40~80mm 粒径骨料

图 2.3-9 80~150mm 粒径骨料

2.3.2.2 拌和

目前胶凝砂砾石材料多用于临时工程，其施工拌和大多是经过简易拌和，然后直接进行浇筑，再采用土石坝施工机械，进行碾压施工。大体积施工时很难保证拌和料的均匀性，此次研究为了提高拌和的均匀性，使胶凝砂砾石材料的试验方法更加规范化，更好地指导于实践，借鉴碾压混凝土的拌和方式，分别采用3种拌和方案：人工拌和、强制式搅拌机拌和和单卧轴混凝土搅拌机拌和。

（1）人工拌和。按选定的配合比备料，石子及砂均以全干状态为准，将钢板和铁铲清洗干净，保持湿润状态；将水泥和粉煤灰预先拌至颜色均匀；将称好的砂子、大石和小石依次倒在钢板上，将其拌至均匀，再将拌和好的胶凝材料加入，继续拌和，至少来回翻拌3次，将其堆成锥形；在中间用铁铲扒成凹形，同时用量筒量取适当的水，倒入2/3在凹槽中（勿使水流出，防止把水泥浆带走），然后仔细翻拌，并缓慢加入剩余的水，继续翻拌。整个拌和过程应控制在10min以内，如图2.3-10所示。人工拌和，拌和物的均匀性可控，但拌和效率低，且人力消耗大。

图 2.3-10 人工拌和

（2）强制式搅拌机拌和。试验采用JZW350型强制式搅拌机，搅拌容量为350L。根据《水工碾压混凝土试验规程》（SL 48—94）规定拌和温度控制在20℃±5℃。搅拌前搅拌机、搅拌棒、钢板和铁锹都预先用水润湿。

按照配合比设计进行称量，称料前保证骨料为饱和面干状态，材料用量均以质量计。按顺序将已称好的砂子、水泥、粉煤灰（水泥和粉煤灰预先拌至均匀）、骨料依次加入到搅拌仓内，搅拌1min。再将称量好的水倒入搅拌仓内，搅拌2min。该搅拌机拌和时，工作面为水平面，拌和料在平面上被搅动。打开出仓口，将拌和好的胶凝砂砾石材料卸在钢板上，发现在搅拌机的周边角落总会留下一些没有搅拌到的干砂，因为胶凝砂砾石材料中骨料粒径大，在拌和的过程中一部分胶凝材料及砂子包裹住砾石，另一部分细骨料会沉积在搅拌铲刮不到的角落里。拌和料颜色很不均匀，将黏结在搅拌机仓内的拌和料刮出堆成堆，还需人工拌和。把拌和料从一边用铲翻拌到另一边，再用铲在混合料上铲切一遍，至少来回翻搅 3 次，直至拌和料颜色均匀为止。拌和后总会出现包裹了少量砂浆的砾石集中现象，在试件成型时，易导致装料不均匀，这种拌和方案没有达到预期的效果，增加了胶凝砂砾石材料的离散型，影响胶凝砂砾石材料的试验结果，如图 2.3 - 11 所示。

图 2.3 - 11　强制式搅拌机拌和

（3）单卧轴混凝土搅拌机拌和。试验采用 SJD - 60 型单卧轴混凝土搅拌机，额定搅拌容量为 60L，出仓量为 35L，主轴转数为 42 转/min。根据《水工碾压混凝土试验规程》（SL 48—94）规定拌和温度控制在 20℃±5℃。搅拌前搅拌机、搅拌棒、钢板和铁锹都预先用水清洗干净，并保持湿润状态。为提高搅拌的均匀度，此次试验中每次装料量为该搅拌机额定搅拌容量的 60％左右，按照配合比设计进行称量，称料前保证骨料为饱和面干状态，材料用量均以质量计。按顺序将已称好的砂子、水泥、粉煤灰（水泥和粉煤灰预先拌至均匀）、骨料依次加入到搅拌仓内，搅拌 1min。再将称量好的水倒入搅拌仓内，搅拌 2min。该搅拌机拌和时，工作面为立面，拌和料在空间立面上被搅动，拌和物被搅起，然后再跌落。将拌和料卸在钢板上，可以看到胶凝砂砾石材料更为均匀，搅拌仓中不会残留未搅拌的配料，出仓后的拌和料在颜色上就很均匀，不需人工拌和，减轻了工作量，且提高了工作效率，如图 2.3 - 12 所示。

图 2.3-12 单卧轴混凝土搅拌机拌和

试验过程中对于胶凝砂砾石材料的拌和方式，推荐采用单卧轴混凝土搅拌机拌和方案。

2.3.2.3 装料、振捣、成型

考虑到胶凝砂砾石坝的施工工艺多采用碾压方式，故此次试验采用碾压混凝土成型方法，即振动台（带磁振动台，能吸附铁试模将其固定，使试模在振动台上不会因来回晃动而引起振幅不均）上压下振成型，其中压重块质量按照混凝土表面压强为 4.9kPa 和试模尺寸计算得出，如图 2.3-13 所示。

图 2.3-13 压重块

试验初期在装料时使用了铸铁试模和塑料试模。试验发现：一方面，因为胶凝砂砾石材料中的胶凝材料（水泥、粉煤灰）掺量低，塑料试模在拆模时容易出现脱模困难，试件脱模时破损率高，尤其是在低砂率时，该现象更加显著；另一方面，塑料试模比铸铁试模轻，在同种振动、成型、养护条件下，测

得塑料试模的试件比铸铁试模的试件的表观密实度低，测得塑料试模的试件比铸铁试模的试件的抗压强度低 10% 左右。考虑到塑料试模的这些影响因素，后期试验中均选用铸铁试模。

铸铁试模在装料时从拌和板外缘处的拌和物开始装料，逐步从边缘往中间靠拢，保证装料的均匀性。将搅拌好的胶凝砂砾石料分两层装入已经涂抹过油的试模中，每层料厚度大致相等。在装料时先采用人工振捣的方法，对边长为 150mm 的立方体试模进行插捣，插捣次数不少于 25 次。插捣时从试模四周开始，逐渐往试模中心插捣。在插捣上层拌和物时捣棒应插入下层拌和物 1～2cm，插捣底层拌和物时应插捣到试模底部，插捣时捣棒应保持垂直，每层插捣完后用平刀沿着模边刮一遍，将模内拌和物表面整平，并用捣棒轻敲试模，减小拌和物与试模之间的气泡和水泡。当试件高度为 150mm 时，一次装料加压振动成型即可，振动时间取 2 倍 VC 值，即振动时间为 20s，以试件表面泛浆为准；将装填好的试模抬到振动台上，放上压重块，人为进行扶正，不要人为进行加压或提起，开启振动台，严格控制振动时间，到达振动时间后搬下试件。因胶凝砂砾石材料胶凝材料用量少，试件表面难以抹平，此次试验制备相同配合比的水泥砂浆进行填补，然后用抹刀将试件表面抹平。当试件高度为 300mm 时，分两次将拌和料装入模具内，第一次装入量稍微高于模具的一半，用插捣棒沿着模具内侧最边缘成螺旋形插捣，插捣次数为 25～30 次，搬至振动台上，将压重块放置在试件上振捣密实，第二次装入量要稍微高出模具，用相同的方式再次插捣密实后，且插捣棒要插入下层 1～2cm，保持拌和料高出试模 1～2cm，再搬至振动台放上压重块振捣密实；需要对试件进行两次装料加压振动成型，以试件表面泛浆为准，如图 2.3－14 和图 2.3－15 所示。

图 2.3－14　人工振捣

（a）边长 150mm 立方体试块

（b）边长 300mm 立方体试块

图 2.3-15 机械振动

对于三级配和全级配的大试件，试验采用拆入式振动棒振捣成型的方法。首先拼装好试模并在模内均匀地涂刷一薄层脱模剂或矿物油，其次将全级配胶凝砂砾石拌和物浇筑在试模内，浇筑层厚度以不超过 30cm 为宜。用插入式振捣器振捣，振捣时间以振捣浇筑层表面均匀泛浆为止。当下层振捣完毕后即可装入新的一层全级配胶凝砂砾石拌和物，再用振捣器振捣；振捣时振捣棒要插入下层混凝土 5~10cm 以保证层间的良好结合。当全级配胶凝砂砾石拌和物浇筑至试件顶面时，可采用平板振捣器振平。试件成型后在胶凝砂砾石材料初凝前 1~2h 需进行抹面，要求与模口齐平，如图 2.3-16 所示。

图 2.3-16 表面抹平

胶凝砂砾石材料试件成型（图 2.3-17）后，初步观察可得：试件经人工捣实和机械振动后，试件整体密实，立方体个别试件在边角处或四周面出现孔洞，圆柱体个别试件圆周上有一些孔洞，有时均匀分布，有时分散分布，顶部略有一些骨料分离现象。因圆柱体试件测静力抗压弹性模量时需要粘贴应变片，而试件上的孔洞会影响应变片的粘贴，故会影响试验数据。此次试验采取了一种修补方法：在需要粘贴应变片的地方用同水胶比的水泥砂浆进行修补，修补后用平刀抹平，保证试件表面平整。

图 2.3-17　大试件成型

2.3.2.4　养护

对于二级配、三级配采用标准养护的试件，成型后的带模试件用湿布或塑料薄膜覆盖以防止水分蒸发，并在 20℃±5℃ 的室内静置 48h［《水工混凝土试验规程》（SL 352—2006）规定时间为 24～48h］，然后拆模并编号。对于全级配采用标准养护的试件，成型后的带模试件用湿布或塑料薄膜覆盖以防止水分蒸发，并在 20℃±5℃ 的室内静置 7d［《水工混凝土试验规程》（SL 352—2006）规定时间为 2～7d］，然后拆模并编号。拆模后的试件应立即放入标准养护室（温度控制在 20℃±5℃，相对湿度在 95% 以上）中养护，直至规定的试验龄期。在标准养护室内，试件应放在架上且彼此间隔 1～2cm，并应避免用水直接冲淋试件，如图 2.3-18 所示。

图 2.3-18 试件养护

试件制备流程如图 2.3-19 所示。

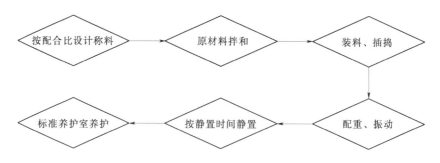

图 2.3-19 试件制备流程

2.4 立方体抗压强度试验方法及强度影响因素分析

胶凝砂砾石材料是一种新型筑坝材料，其材料特性介于混凝土与土之间。通过对胶凝砂砾石材料影响因素的分析研究，得出胶凝砂砾石材料的力学特性，为以后胶凝砂砾石材料的研究提供理论依据，也为将来胶凝砂砾石材料在工程上的应用提供参考。

2.4.1 试验方法

胶凝砂砾石材料立方体抗压试验试件，按照试验规范要求，一组成型 3 个试件，拆模后，在标准条件（标准养护室的温度应控制在 20℃±5℃，相对湿度在 95％以上）下养护到规定龄期。

尺寸为 150mm×150mm×150mm 的二级配标准立方体试件具体试验步骤如下。

（1）到达试验龄期时，从养护室取出试件，并尽快试验。试验前需用湿布覆盖试件，防止试件干燥。

（2）试验前将试件擦拭干净，测量其尺寸，并检查其外观。当试件有严重缺陷时，应废弃。试件尺寸测量精确至 1mm，并据此计算试件的承压面积。如实测尺寸与公称尺寸之差不超过 1mm，可按公称尺寸进行计算。试件承压面的不平整度误差不得超过边长的 0.05％，承压面与相邻面的不垂直度不应超过±1°。

（3）调整压力试验机上下压板的距离，将试件放在试验机下压板中间位置，保证试件中心与试验机的下压板中心相重合，试件的承压面应与成型时试件的顶面相垂直，然后调整上压板与试件的距离，使上压板与试件即将接触。

（4）调整完毕后，根据试验规范设置加载速度为 0.3MPa/s 和相应的试件尺寸及破损常数，开动试验机，试验机自动以设定的加载速度连续而均匀地加载，观察试件的受压过程，当试件接近破坏而开始迅速变形时，试验机继续加载直到荷载峰值与当前加载值满足破损常数的要求，此时试验机自动停止加载，活塞退回，认为试件已破坏，最后记录破坏荷载。试验如图 2.4-1 所示。

图 2.4-1 150mm 立方体抗压强度试验

尺寸分别为 300mm×300mm×300mm、450mm×450mm×450mm 的三级配和全级配立方体试件具体试验步骤如下。

（1）到达试验龄期时，从养护室取出试件，用湿布覆盖，并尽快试验。测量试件尺寸，精确至 1mm。当试件有严重缺陷时应废弃。

（2）将试件放在试验机上下压板中间，上下压板与试件之间应放有钢质垫板。试件的承压面应与成型时的顶面相垂直。开动试验机，当垫板与压板将接触时，如有明显偏斜，应调整球座使试件受压均匀。

（3）试验机以 6MPa/min 的速度连续而均匀地加荷（不得冲击），直至试件破坏并记录破坏荷载。试验如图 2.4-2 和图 2.4-3 所示。

图 2.4-2　300mm 立方体抗压强度试验

图 2.4-3　450mm 立方体抗压强度试验

2.4.2 水胶比对材料抗压强度影响分析

水胶比是用水量与胶凝材料用量的比值，在现代工程中，水泥、粉煤灰等被作为常用的胶凝材料。胶凝砂砾石材料是骨料与胶凝材料、水经拌和后的一种低强度材料，用水量对胶凝砂砾石材料强度的影响尤为重要。此次试验主要针对水胶比为 0.8～1.6 之间的胶凝砂砾石材料强度进行研究。

水胶比与立方体试件 28d 抗压强度关系曲线（以水泥用量 50kg/m³，粉煤灰掺量 40kg/m³，砂率 0.1、0.2、0.3、0.4 为例）如图 2.4－4 所示。

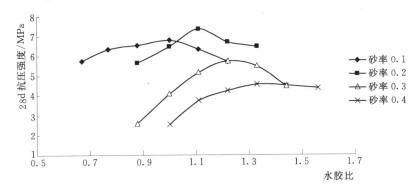

图 2.4－4　水胶比与立方体试件 28d 抗压强度关系曲线

由图 2.4－4 可以得出，水胶比对胶凝砂砾石材料的 28d 抗压强度影响作用显著，且大量试验数据说明，在工程常用配合比范围中，各种配合比下，存在最优水胶比，且最优水胶比和砂率紧密相关。工程常见砂率为 0.1～0.4，对应的最优水胶比在 1.0～1.4 之间。砂率高时，对应的最优水胶比取上限，反之取下限。

《碾压混凝土坝设计规范》（SL 314—2004）规定，碾压混凝土的水胶比在 0.43～0.70 之间，由于碾压混凝土的强度与水胶比成反比，且过高的水胶比对碾压混凝土的耐久性也不利，因此，水胶比宜小于 0.70。但碾压混凝土总胶凝材料用量 C＋F（C 代表水泥，F 代表粉煤灰）通常大于 130kg/m³，因此规定碾压混凝土总胶凝材料用量不宜低于 130kg/m³。其胶凝材料总量明显高于胶凝砂砾石材料，两种材料工程常用的配合比中，每立方米材料中的总用水量都在 80～100kg/m³。

为了进一步说明"最优水胶比"问题，再考虑长龄期因素，水胶比对材料后期强度的影响，设计了在砂率为 0.2，水泥用量为 50kg/m³，粉煤灰掺量为 30kg/m³、40kg/m³、50kg/m³ 时，水胶比分别为 0.8、1.0、1.2、1.4 情况下的配合比，测得 90d 抗压强度。水胶比与立方体试件 90d 抗压强度关系曲线如图 2.4－5 所示。

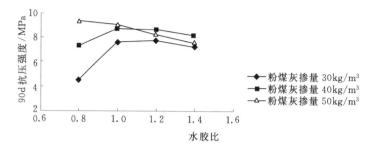

图 2.4 - 5　水胶比与立方体试件 90d 抗压强度关系曲线

可以看出，当水泥用量为 50kg/m³、粉煤灰掺量为 30kg/m³ 时，材料 90d 抗压强度在水胶比为 1.2 时达到最大，此时用水量为 96kg/m³；当水泥用量为 50kg/m³、粉煤灰掺量为 40kg/m³ 时，材料 90d 抗压强度在水胶比为 1.0 时达到最大，此时用水量为 90kg/m³；当水泥用量为 50kg/m³、粉煤灰掺量为 50kg/m³ 时，材料 90d 抗压强度在水胶比为 0.8 时达到最大，此时用水量为 80kg/m³。材料的后期强度，随着粉煤灰掺量的增加，其最优水胶比逐渐降低，但幅度不大，最优水胶比在 1.0～1.2 之间，每立方米材料中的总用水量依旧都在 80～100kg/m³ 之间。

以上结果说明，在水泥用量为 50kg/m³ 时，90d 龄期最优含水量，随着粉煤灰掺量的增加而降低，主要是因为粉煤灰在增强材料后期强度时的作用明显。而材料在不同配比下，28d 龄期最优水胶比均为 1.0，主要有两种可能：①28d 龄期粉煤灰作用弱，有效胶凝材料总量少，含水量要求多；②试验所选胶凝材料总量在 80～100kg/m³ 较多，水胶比最小为 1.0，不一定最优。通过以上分析，胶凝砂砾石材料用含水量表述其水的添加量可能更合适，胶凝材料在 80～100kg/m³ 时，其最优含水量为 80～100kg/m³，但二者成反比关系，即胶凝材料用量多时，含水量取小值，反之，胶凝材料用量少时，含水量取大值。这与一般碾压混凝土规律基本一致。

胶凝砂砾石材料施工中，骨料尽量不筛分，砂率尽量不调整，在同样胶凝材料用量的情况下，通过寻求最合适的用水量来提高材料强度。"最优含水量"的发现，为胶凝砂砾石材料工程应用提供了指导。

2.4.3　砂率对材料抗压强度影响分析

砂率是影响胶凝砂砾石材料强度的一个重要因素。砂，作为工程当中广泛采用的建筑石材，不仅起到调和拌和物性能，改善材料工作性、和易性等作用，同时也起到一定的填充作用，与胶材、水拌和后形成的砂浆对材料强度有一定的影响。胶凝砂砾石材料坝的主要特征之一便是就地取材，经济环保，在河流上筑坝，河道中的含沙量是客观存在的，为了能够就地取材合理利用，通过探究砂率对胶凝砂砾石材料强度的影响，可以为工程上选址筑坝提供可靠的理论依据。

分析在同一水泥用量、粉煤灰掺量、水胶比情况下，砂率分别为 0.1、0.2、0.3、0.4 的抗压强度，如图 2.4-6 所示。

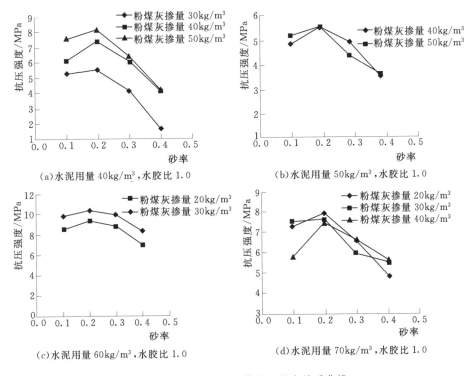

图 2.4-6 砂率与立方体抗压强度关系曲线

可以看出，砂率从 0.1 到 0.2，胶凝砂砾石材料抗压强度呈现明显的上升趋势，砂率从 0.2 到 0.3、0.4，胶凝砂砾石材料抗压强度则呈现出明显的下降趋势，图形出现"拐点"现象，即胶凝砂砾石材料配合比设计同样存在最优砂率，砂率为 0.2 时，胶凝砂砾石材料抗压强度最大。

分析原因在于：胶凝砂砾石材料不同于其他混凝土材料，主要是通过胶凝材料、砂子和水简单拌和为胶结物包裹骨料从而形成一定强度，伴随着砂率的增大，在胶材用量一定的情况下，包裹骨料表面的胶材浆量就相对较少，这使得骨料之间的胶结力相对下降，拌和物的工作性也较差；此外由于胶凝砂砾石材料石子骨料粒径的不同，试件内部会形成孔洞，随着砂率的增大，这部分孔洞逐渐被砂填充，但由于沙粒之间的胶结力较小，承载能力差，不稳定，在受到外部荷载作用的情况下容易形成破坏面，快速破坏，导致材料强度的降低。

为了进一步说明"最优砂率"问题，再考虑长龄期因素，砂率对材料后期强度的影响，设计了在最优水胶比为1.0，水泥用量为50kg/m³，粉煤灰掺量为30kg/m³、40kg/m³、50kg/m³时，砂率分别为0.1、0.2、0.4情况下的配合比，测得90d抗压强度。砂率与立方体试件90d抗压强度关系曲线如图2.4-7所示。

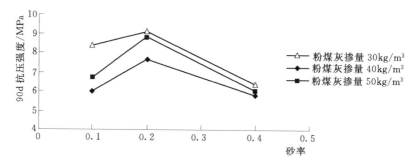

图2.4-7 砂率与立方体试件90d抗压强度关系曲线

可以看出，砂率从0.1到0.2，胶凝砂砾石材料90d抗压强度呈现明显的上升趋势，砂率从0.2到0.4，胶凝砂砾石材料90d抗压强度呈现出明显的下降趋势，图形出现"拐点"现象，即胶凝砂砾石材料配合比设计也存在最优砂率问题，28d强度和90d强度规律一致，即砂率为0.2时，胶凝砂砾石材料抗压强度最大。

胶凝砂砾石材料最大的优势就是：材料因地制宜，就地取材，尽量做到对粗骨料、细骨料不筛分，保证其原级配。水利工程遍布祖国大江南北，各地方料场的砂率也不尽相同，当砂率特别低或特别高的时候，可以对砂率进行人为调整，使其尽量最优。

2.4.4 水泥用量对材料抗压强度影响分析

水泥是目前在国内工程中运用最广泛的胶凝材料，胶凝砂砾石材料工程特性之一就是水泥用量较少，水泥用量是影响胶凝砂砾石材料强度的主要因素。因此，为了研究水泥用量对胶凝砂砾石材料强度的影响，在水胶比为1.0的前提下，控制胶凝材料（水泥＋粉煤灰）总量分别为80kg/m³、90kg/m³、100kg/m³，分别说明砂率为0.2、0.3、0.4时，每立方米拌和物中水泥用量的增加对材料抗压强度的影响，如图2.4-8所示。

不同砂率情况下，每立方米胶凝砂砾石材料中，水泥用量每增加10kg，材料抗压强度可提高百分比见表2.4-1。

可见同等条件下，每立方米胶凝砂砾石材料中，水泥用量每增加10kg，材料抗压强度可提高15%～22%。且当胶凝材料（水泥＋粉煤灰）总量小于100kg/m³时，在最优水胶比、最优砂率下，水泥用量为40kg/m³时，胶凝砂

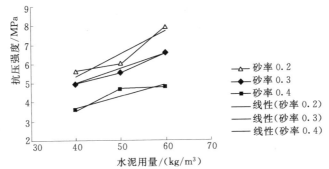

（a）胶凝材料（水泥＋粉煤灰）总量 80kg/m³

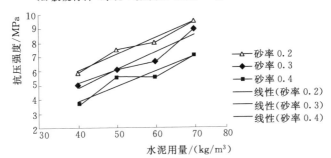

（b）胶凝材料（水泥＋粉煤灰）总量 90kgm³

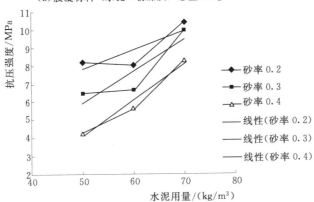

（c）胶凝材料（水泥＋粉煤灰）总量 100kg/m³

图 2.4-8 水泥用量与抗压强度关系曲线

表 2.4-1　　　　　　　　　水泥增量与抗压强度关系

胶凝材料总量 /(kg/m³)	材料抗压强度可提高百分比/%		
	砂率 0.2	砂率 0.3	砂率 0.4
C＋F＝80	20.0	15.0	15.7
C＋F＝90	16.0	20.6	21.1
C＋F＝100	14.8	16.9	22.3

注　表中 C 表示水泥用量，F 表示粉煤灰掺量，单位为 kg/m³。

砾石材料抗压强度可达 3～5MPa；水泥用量为 50kg/m³ 时，胶凝砂砾石材料抗压强度可达 5～6MPa；水泥用量为 60kg/m³ 时，胶凝砂砾石材料抗压强度可达 6～8MPa；水泥用量为 70kg/m³ 时，胶凝砂砾石材料抗压强度可达 8～10MPa。

同时"超贫胶结材料坝研究"中有以下结论：试验用 425 号水泥和 525 号水泥，取 10kg/m³、20kg/m³、30kg/m³、40kg/m³、50kg/m³、60kg/m³、70kg/m³、80kg/m³ 和 100kg/m³ 共 9 个水泥用量，研究水泥用量对超贫胶结材料强度的影响。试验时调整水胶比的大小，使试件能够成型为原则，试验结果如图 2.4-9 所示。

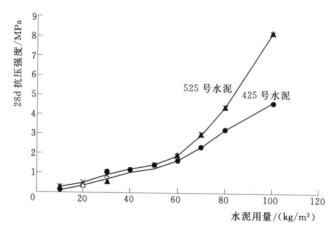

图 2.4-9　水泥用量与超贫胶结材料强度的相关性

由图 2.4-9 可知，水泥用量增加，超贫胶结材料的抗压强度增大。当水泥用量在 50kg/m³ 以下时，水泥用量变化对超贫胶结材料强度的影响不明显；当水泥用量大于 50kg/m³ 时，随着水泥用量的增加，超贫胶结材料强度增长明显加快。

综上所述，在胶凝砂砾石材料当中，水泥作为胶凝材料，起到主要的胶结作用，水泥用量的增加对胶凝砂砾石材料抗压强度的增强作用显著，水泥用量是影响胶凝砂砾石材料强度的主要因素之一。

2.4.5　粉煤灰掺量对材料抗压强度影响分析

胶凝砂砾石材料作为新型筑坝材料不仅经济实用而且绿色环保。粉煤灰作为当代现代化工业废料，掺入胶凝砂砾石材料之中，不仅能够提高材料强度，还可以有效改善材料的耐久性能。此次试验中，为了研究粉煤灰掺量对胶凝砂砾石材料抗压强度的影响，在水胶比为 1.0 的前提下，控制水泥用量分别为 40kg/m³、50kg/m³、60kg/m³、70kg/m³，分别说明砂率为 0.2、0.3、0.4 时，每立方米拌和物中粉煤灰掺量的增加对材料抗压强度的影响。粉煤灰掺量与立方体抗压强度关系曲线如图 2.4-10 所示。

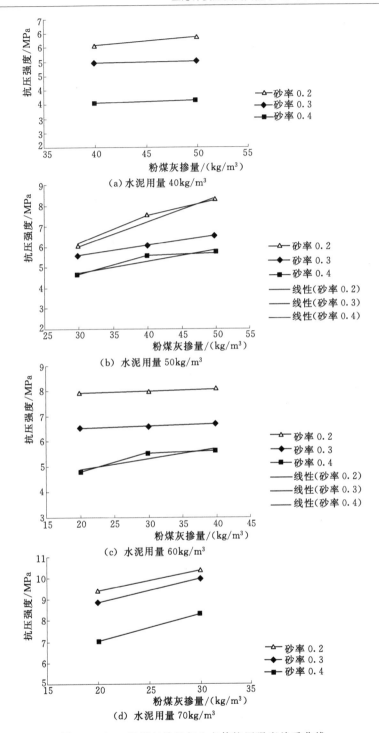

图 2.4-10 粉煤灰掺量与立方体抗压强度关系曲线

不同砂率情况下，每立方米胶凝砂砾石材料中，粉煤灰掺量每增加 10kg，材料抗压强度可提高百分比见表 2.4-2。

表 2.4-2　　　　　　　　　　粉煤灰增量与抗压强度关系

水泥用量 /(kg/m³)	材料抗压强度可提高百分比/%		
	砂率 0.2	砂率 0.3	砂率 0.4
40	5.0	1.0	3.0
50	16.7	7.8	9.9
60	0.6	0.8	7.7
70	10.0	13.0	19.0

由以上分析可以看出，同等条件下，每立方米胶凝砂砾石材料中，粉煤灰掺量每增加 10kg，材料 28d 抗压强度均有所增加，增加幅度大多在 1%～10% 之间，离散性大，不能清楚地反映粉煤灰掺量增加对材料抗压强度的提升效果。分析原因在于：①掺入一定量的粉煤灰，除小部分粉煤灰参与二次水化反应提高胶凝砂砾石材料的强度外，剩余未参与反应的粉煤灰充当惰性填料，起到微集料的填充效应，填充胶凝砂砾石材料试件内部的孔隙，减小材料孔隙，改善材料的和易性、密实性和防止粗骨料分离，从而起到提高强度的作用；②由于粉煤灰本身的特性，其二次水化反应对材料强度的影响主要体现在后期，在此 28d 龄期内，粉煤灰特性尚未完全发挥，因此对胶凝砂砾石材料强度的增高并不明显。故通过 90d 龄期试件试验，进一步研究粉煤灰对材料后期强度的影响。

2.4.5.1　粉煤灰最优掺量研究

水利工程中，大多都会掺入粉煤灰，尤其是碾压混凝土坝，其粉煤灰掺量最高达总胶凝材料的 70%（江垭水电站）。《胶结颗粒料筑坝技术导则》（SL 678—2014）中也提出，在用胶凝砂砾石材料筑坝时，可掺入粉煤灰。但对粉煤灰是否存在最优掺量，掺多少时最经济，并未提及。此次试验中，为了解决这些疑问，设计了在水胶比为 1.0、最优砂率为 0.2 的前提下，水泥用量为 50kg/m³、60kg/m³ 时，粉煤灰掺量分别为 20kg/m³、30kg/m³、40kg/m³、50kg/m³、60kg/m³、80kg/m³、100kg/m³ 情况下的配合比，测得 90d 抗压强度。粉煤灰掺量与立方体试件 90d 抗压强度关系曲线如图 2.4-11 所示。

由图 2.4-11 可知，在同样水泥用量、同样水胶比、同样砂率前提下，随着粉煤灰掺量的增加，立方体试件 90d 抗压强度有一个先上升后下降的走势，说明在该材料中，粉煤灰存在最优掺量问题。进一步分析，当水泥用量为 50kg/m³ 时，粉煤灰掺量为 50kg/m³ 时出现峰值；当水泥用量为 60kg/m³ 时，粉煤灰掺量为 60kg/m³ 时出现峰值。可见粉煤灰掺量为胶凝材料总量（水泥

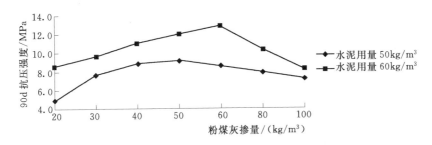

图 2.4-11 粉煤灰掺量与立方体试件 90d 抗压强度关系曲线

＋粉煤灰）的 50％时，为"最优掺量"。在寻求最优掺量的同时，著者进一步研究粉煤灰掺量为多少时，对材料强度提高的效率最高，增加速度最明显，如图 2.4-12 所示。

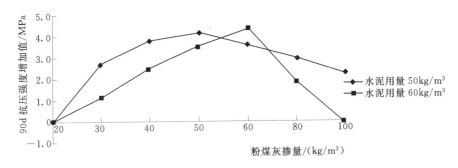

图 2.4-12 粉煤灰掺量与立方体试件 90d 抗压强度增加值的关系

由图 2.4-12 可知，在同样水泥用量、同样水胶比、同样砂率前提下，当水泥用量为 50kg/m³ 时，粉煤灰掺量为 30kg/m³ 时，强度提高比最高（斜率最大），此时粉煤灰掺量为胶凝材料总量（水泥＋粉煤灰）的 37.5％；当水泥用量为 60kg/m³ 时，粉煤灰掺量为 40kg/m³ 时，强度提高比最高（斜率最大），此时粉煤灰掺量为胶凝材料总量（水泥＋粉煤灰）的 40％。可见粉煤灰掺量为胶凝材料总量（水泥＋粉煤灰）的 40％左右时，为"经济掺量"，即掺入粉煤灰增加强度的效率最高。

2.4.5.2 粉煤灰掺量对材料后期强度影响研究

为了研究粉煤灰掺量对材料后期强度的影响，著者设计了在水胶比为 1.0，水泥用量为 50kg/m³，砂率分别为 0.1、0.2、0.3 时，粉煤灰掺量分别为 30kg/m³、40kg/m³、50kg/m³ 情况下的配合比，测得 90d 抗压强度。粉煤灰掺量与立方体试件 90d 抗压强度关系曲线如图 2.4-13 所示。

不同砂率情况下，每立方米胶凝砂砾石材料中，粉煤灰掺量每增加 10kg，材料抗压强度可提高百分比见表 2.4-3。

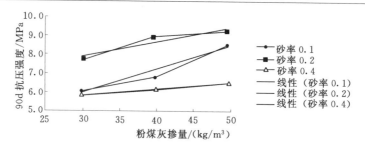

图 2.4-13　粉煤灰掺量与立方体试件 90d 抗压强度关系曲线

表 2.4-3　　　　　　　　粉煤灰增量与抗压强度关系

水泥含量 /(kg/m³)	材料抗压强度可提高百分比/%		
	砂率 0.1	砂率 0.2	砂率 0.4
50	18.6	8.9	4.7

　　由以上分析可以看出，同等条件下，每立方米胶凝砂砾石材料中，粉煤灰掺量每增加 10kg，材料 90d 抗压强度会增强，增幅在 5%～20%，比 28d 抗压强度增幅大。砂率低时，增幅偏上限，砂率高时，增幅偏下限。也说明当砂率较低时，粉煤灰起到了代替砂的作用，使试件填充更密实。

2.4.6　龄期对材料抗压强度影响分析

　　龄期是影响胶凝砂砾石材料强度的因素之一，在混凝土的研究中，混凝土的抗压强度是随着龄期的增长而增大的，但若在试件中掺入一定量粉煤灰，由于粉煤灰的自身特性，材料后期强度会提高。

　　以水泥用量为 50kg/m³，粉煤灰掺量为 30kg/m³、40kg/m³、50kg/m³，砂率为 0.2，水胶比为 1.0、1.2、1.4 的配合比为例，试验结果如图 2.4-14 所示。

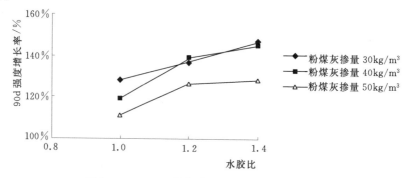

图 2.4-14　90d 强度增长率与水胶比关系曲线

　　可以明显看出，胶凝砂砾石材料的抗压强度随养护龄期的增长而增大，这和混凝土具有相同的性质，龄期越长，强度越大。90d 龄期的胶凝砂砾石材料抗压强度为 28d 龄期抗压强度的 110%～140%，在水泥和粉煤灰作用下，180d 龄期的胶凝砂砾石材料抗压强度为 90d 龄期抗压强度的 115% 左右，且材料 90d 和 28d 强度增长率随着水胶比的增大而增大。大水胶比可以使材料后期强度显著提高，但此时的水胶比不一定是使材料强度达到最高的"最优水胶比"。

2.4.7 尺寸效应

尺寸效应是材料的一种力学性能，是随着材料几何尺寸的增长，强度的试验值呈下降趋势。在混凝土试验和土工试验中常常存在尺寸效应，直接影响材料的真实强度、承载能力和耐久性。胶凝砂砾石材料是一种新型坝体材料，主要运用于水利工程，水利工程由于实际结构往往很大，进行真实结构系统试验的可能性很小，往往是以试验室小型尺寸试件得出的破坏结论来指导实际结构工程，因此，需要针对胶凝砂砾石材料的尺寸效应进行研究，为以后指导胶凝砂砾石材料实际工程提供理论基础。

为了进一步探究试件尺寸对胶凝砂砾石材料强度的影响，此次试验以二级配骨料为试验原料 [中石子（20～40mm）：小石子（5～20mm）＝6：4]，成型试件为尺寸为 150mm×150mm×150mm、300mm×300mm×300mm、450mm×450mm×450mm 的立方体试件，试件中骨料的最大粒径为 40mm，搅拌成型后养护至 28d 龄期，试验结果见表 2.4-4。

表 2.4-4　　　　　　　　　胶凝砂砾石材料不同尺寸试验结果

水泥用量 /(kg/m³)	粉煤灰掺量 /(kg/m³)	水胶比	砂率	试件尺寸 /mm	抗压强度 /MPa
50	40	1.0	0.2	150	7.44
				300	6.51
				450	5.32

从表 2.4-4 可以看出，尺寸为 300mm×300mm×300mm 试件的抗压强度低于 150mm×150mm×150mm 试件的抗压强度，且 300mm×300mm×300mm 试件的抗压强度为 150mm×150mm×150mm 试件的抗压强度的 87.5%；尺寸为 450mm×450mm×450mm 试件的抗压强度低于 150mm×150mm×150mm 试件的抗压强度，且 450mm×450mm×450mm 试件的抗压强度为 150mm×150mm×150mm 试件的抗压强度的 71.5%。

分析原因在于：胶凝砂砾石材料胶凝材料用量较少，在同一骨料级配的情况下，试件尺寸越大，材料的相对密实程度越低，骨料之间胶凝材料的胶结作用越低，此外，试件尺寸的增大，使得试件承压面与轴心距相对增大，试件的抗压强度减小。因此，试件尺寸越大，材料抗压强度试验结果越低。

2.4.8 骨料级配对材料抗压强度影响分析

骨料级配对胶凝砂砾石材料强度的影响主要体现在，胶凝砂砾石材料骨料主要以卵石为主，通过少量胶凝材料的胶结作用将不同粒径的骨料胶结在一起，从而形成具有一定强度的建筑材料。因此，作为主骨架材料，骨料对材料强度的影响是至关重要的。此次试验针对二级配、三级配、全级配骨料进行了多组试验，分别采用4个不同粒径的卵石，即小石子（5～20mm）、中石子（20～40mm）、大石子（40～80mm）、特大石子（80～150mm），研究级配对材料抗压强度的影响。此外，为了进一步探究骨料粒径对胶凝砂砾石材料强度的影响，此次试验在参照原有规范比例的基础上，对试验组骨料粒径比例进行了调整，具体试验结果见表2.4-5。

表2.4-5 不同级配料抗压强度

水泥用量/(kg/m³)	粉煤灰掺量/(kg/m³)	水胶比	砂率	尺寸/mm	骨料级配（粗→细）	抗压强度/MPa
50	40	1.0	0.2	150	6:4	7.44
				300	4:3:3	5.34
				450	2.5:2.5:2.5:2.5	4.58
					3:3:2:2	4.62
60	30	1.0	0.2	150	6:4	7.95
				300	4:3:3	6.33
				450	3:3:2:2	5.36

不同级配下，对应的抗压强度见表2.4-6。

表2.4-6 不同级配28d的抗压强度

配合比	二级配	三级配	全级配
50+40+1.0+0.2	7.44	5.34	4.62
60+30+1.0+0.2	7.95	6.33	5.36

由表2.4-6可以看出，随着胶凝砂砾石材料骨料级配的增大，材料强度总体上体现出降低的趋势，骨料级配对胶凝砂砾石材料试验强度有较大影响。同种配合比前提下，三级配300mm×300mm×300mm立方体试块28d抗压强度是二级配150mm×150mm×150mm立方体试块28d抗压强度的75%左右；全级配450mm×450mm×450mm立方体试块28d抗压强度是二级配150mm×150mm×150mm立方体试块28d抗压强度的65%左右。

　　三级配、全级配试件强度低于二级配试件强度，分析原因，一方面由于级配影响，另一方面也与试件尺寸有关。

　　另外，在三级配的试验中，调整不同粒径骨料的掺量，研究不同级配对材料强度的影响。试验数据见表2.4-7。

表 2.4-7　　　　　　　　　　骨料级配不同时的抗压强度

水泥用量 /(kg/m³)	粉煤灰掺量 /(kg/m³)	水胶比	砂率	尺寸 /mm	骨料级配 (粗→细)	抗压强度 /MPa
50	40	1.0	0.2	300	4 : 3 : 3	5.34
					3 : 4 : 3	5.44
					3 : 3 : 4	5.60
					5 : 3 : 2	3.22
					2 : 5 : 3	4.64
					3 : 2 : 5	5.71

　　从表2.4-7中可以看出，同样配合比前提下的三级配试件，不同粒径骨料的掺量，对材料强度影响很大。试验抗压强度最大值是最小值的近2倍。可见，骨料级配良好与否，对材料强度影响重大。

　　土的级配情况是否良好，常用不均匀系数 C_u 和曲率系数 C_c 来描述，级配良好的土，能同时满足 $C_u \geq 5$ 和 $C_c = 1 \sim 3$。

　　不均匀系数：

$$C_u = \frac{d_{60}}{d_{10}} \tag{2.4-1}$$

　　曲率系数：

$$C_c = \frac{(d_{30})^2}{d_{60} d_{10}} \tag{2.4-2}$$

式中：d_{60}、d_{30}、d_{10} 分别为粒径分布曲线上纵坐标为60%、30%、10%时对应的土料粒径。

　　参照这种方法，绘制出3种不同骨料（粒径5~20mm、20~40mm和40~80mm）不同掺量的粒径曲线，求得 C_u 和 C_c 值，参考土料级配优良判别标准，寻求胶凝砂砾石材料骨料级配优良与否的判别办法，如图2.4-15所示。对应的 C_u 和 C_c 值见表2.2-8。

　　当骨料级配同时满足 $C_u \geq 5$ 和 $C_c = 1 \sim 3$ 时，材料的抗压强度均集中在5.34~5.71MPa之间，均值为5.52MPa，标准差为0.16，分布很集中。骨料级配不能同时满足 $C_u \geq 5$ 和 $C_c = 1 \sim 3$ 的两组强度分别是平均强度的58%和84%，其强度明显偏低。

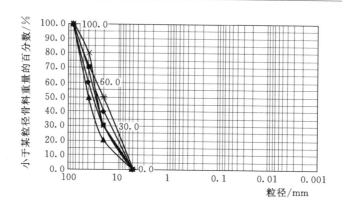

图 2.4－15　不同掺量的粒径曲线

表 2.4－8　　　　　　　　　　　　　　C_u、C_c 值

骨料级配（粗→细）	C_u	C_c	抗压强度/MPa
4：3：3	5.71	1.43	5.34
3：4：3	5.15	1.68	5.44
3：3：4	8.00	2.00	5.60
5：3：2	4.00	1.36	3.22
2：5：3	4.38	1.71	4.64
3：2：5	9.06	1.55	5.71

可见，骨料级配对材料抗压强度影响很大，级配良好的骨料强度较高。可参照土料级配良好判别标准，用不均匀系数 C_u 和曲率系数 C_c 来描述，级配良好的骨料，能同时满足 $C_u \geqslant 5$ 和 $C_c = 1 \sim 3$。

2.5　劈裂抗拉强度、轴心抗压强度、抗弯强度影响因素分析

2.5.1　劈裂抗拉强度影响分析

2.5.1.1　试验方法

（1）试验仪器。劈裂抗拉试验是通过特制的钢制垫条将线性均布荷载施加于试件表面，达到劈裂试件的目的。为了进行劈裂抗拉试验，此次试验需对试验机进行相应改造，使得试验机的面荷载转变为均布线性荷载，并且在转化过程中垫条本身不应发生形变，避免在荷载转化过程中产生不均匀荷载，影响试验结果的准确性。依照《水工混凝土试验规程》（SL 352—2006）的要求，垫条选用了刚性材质的钢条，垫条长为 200mm，截面宽为 5mm，规范中截面高规定为 5mm。垫条尺寸为 200mm×5mm×5mm，上垫条通过两端的螺丝固定

在上压板的中心位置；下垫条焊接在一块 320mm×320mm 的厚钢板中心位置，并将厚钢板和下垫条一同放置于压力机的下压板。压力试验机改装如图 2.5-1 所示。

（2）试验步骤。劈拉试验试件尺寸与抗压试验一致，为 150mm×150mm×150mm 的标准立方体，具体试验步骤如下。

1）试件到达试验龄期后，从养护室取出，并尽快试验。试验前需用湿布覆盖试件，防止试件干燥。

2）试验前将试件擦拭干净，检查试件外观，判断是否有严重缺陷，如有严重缺陷，立即更换试件。在试件成型时的顶面和底面中间部位画出相互平行的参照线，准确定出试件劈裂面的位置并测量劈裂面尺寸（图 2.5-2），试件尺寸的测量应精确至 1mm。

图 2.5-1 试验机器

图 2.5-2 参照线绘制

图 2.5-3 劈裂抗拉试验

3）将试件放在压力试验机下压板的中心位置。在上、下压板与试件之间垫垫条，垫条方向应与试件成型时的顶面垂直，将下垫条对准两条平行参照线的下部端点，操作压力机，使得上压板下落，在接近试件承压面时停止，观察上部垫条是否与平行参照线的上端点重合，如不满足要求，立即进行调整（图 2.5-3），待以上步骤完成后，以 0.01MPa/s 加载速率连续而均匀地加载直至试件破坏为止，退出加载，试验停止，对荷载峰值进行记录。

2.5.1.2 影响因素分析

通过大量试验研究表明，水胶比、砂率、水泥用量、粉煤灰掺量等因素对胶凝砂砾石材料的劈拉强度影响规律与对立方体抗压强度影响规律一致，且材料劈裂抗拉强度与材料立方体抗压强度存在一定的对应关系，具体研究结论如下。

（1）在工程常用配合比范围中，存在最优水胶比，且最优水胶比和砂率紧密相关。工程常见砂率为 0.1～0.4，对应的最优水胶比在 1.0～1.4 之间。砂率高时，对应的最优水胶比取上限，反之取下限。

（2）砂率为 0.2 时，胶凝砂砾石材料劈裂抗拉强度最大。

（3）同等条件下，每立方米胶凝砂砾石材料中，水泥用量每增加 10kg，材料劈拉强度可提高 10%～25%，但因其劈拉强度总体偏低，材料劈拉强度提高值在 0.05～0.15MPa。且当胶凝材料（水泥＋粉煤灰）总量小于 100kg/m³ 时，在最优水灰比、最优砂率下，水泥用量为 40kg/m³ 时，胶凝砂砾石材料 28d 劈拉强度可达 0.3～0.5MPa；水泥用量为 50kg/m³ 时，胶凝砂砾石材料 28d 劈拉强度可达 0.5～0.6MPa；水泥用量为 60kg/m³ 时，胶凝砂砾石材料 28d 劈拉强度可达 0.6～0.75MPa；水泥用量为 70kg/m³ 时，胶凝砂砾石材料 28d 劈拉强度可达 0.75～0.9MPa。胶凝砂砾石材料劈拉强度较低，通过增加每立方米胶凝砂砾石材料中水泥用量，来提高劈拉强度效果不明显。当胶凝砂砾石材料用在大坝工程中时，应尽量避免产生拉应力，或采取有效措施降低其拉应力。

（4）同等条件下，每立方米胶凝砂砾石材料中，粉煤灰掺量每增加 10kg，材料 28d 劈拉强度有所增强，但是强度增加不明显，可提高 3%～10%。

（5）胶凝砂砾石材料劈拉强度是抗压强度的 7%～12%，即胶凝砂砾石材料劈拉强度是抗压强度的 1/10 左右。

参照混凝土试验总结的劈拉强度与立方体抗压强度间的关系，试验给出了胶凝砂砾石材料劈拉强度与立方体抗压强度关系公式：

$$f_t = 0.17 \sqrt[3]{f_{cu}^2}$$

式中：f_t 为劈拉强度；f_{cu} 为立方体抗压强度。

2.5.2 轴心抗压强度影响分析

2.5.2.1 试验方法

胶凝砂砾石材料轴心抗压强度试验试件尺寸为 ϕ150mm×300mm 的圆柱体试件，按照试验规范要求，以 6 个试件为一组，其中 3 个试件测定轴心抗压强度，3个试件测定静力抗压弹性模量。具体试验步骤如下。

（1）试件养护到规定龄期后，将试件从养护室中取出，用干布擦净试件表面，量测断面尺寸，为保持试件湿润状态应用湿布进行覆盖，并尽快试验。

（2）调整压力机上下压板的距离，将试件安放在试验机的下压板上，试件的中心应与试验机下压板的中心对准。按住试验机上的下降按钮使上压板下降，待上压板与试件即将接触时停止操作，调整上下压板的位置，使得上下压板平行，以保证不会在试验过程中产生偏心受压。

（3）设定压力机的加载速度为 0.3MPa/s 和适当的破损常数，开动试验机，试验机自动以设定的加载速度连续而均匀地加载。当出现峰值后，试件接近破坏而出现迅速变形，试验机仍会继续加载直到荷载峰值满足破损常数的要求，之后试验机自动停止加载，活塞回退，试件已破坏，记录破坏荷载。所采用的压力试验机与测定混凝土立方体抗压强度的试验机相同。试验装置如图2.5-4所示。

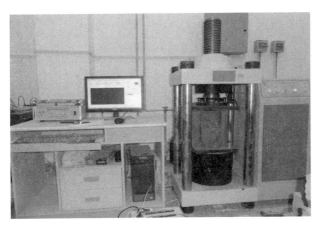

图 2.5-4 胶凝砂砾石材料轴心抗压强度试验装置

2.5.2.2 影响因素分析

通过大量试验研究表明，水胶比、砂率、水泥用量、粉煤灰掺量等因素对胶凝砂砾石材料的轴心抗压强度影响规律与对立方体抗压强度影响规律一致，且材料轴心抗压强度与材料立方体抗压强度存在一定的对应关系，具体研究结论如下。

（1）在工程常用配合比范围中，存在最优水胶比，且最优水胶比和砂率紧密相关。工程常见砂率为 0.1～0.4，对应的最优水胶比在 1.0～1.4 之间。砂率高时，对应的最优水胶比取上限，反之取下限。

（2）砂率为 0.2 时，胶凝砂砾石材料轴心抗压强度最大。

（3）同等条件下，每立方米胶凝砂砾石材料中，水泥用量每增加 10kg，材料轴心抗压强度可提高 10%～25%。且当胶凝材料（水泥＋粉煤灰）总量小于 100kg/m³ 时，在最优水灰比、最优砂率下，水泥用量为 40kg/m³ 时，胶凝砂砾石材料轴心抗压强度可达 3.0～3.5MPa；水泥用量为 50kg/m³ 时，胶凝砂砾石材料轴心抗压强度可达 3.5～4.0MPa；水泥用量为 60kg/m³ 时，胶凝砂砾石材料轴心抗压强度可达 4.5～5.0MPa；水泥用量为 70kg/m³ 时，胶凝砂砾石材料轴心抗压强度可达 5.0～5.5MPa。

（4）同等条件下，每立方米胶凝砂砾石材料中，粉煤灰掺量每增加 10kg，材料 28d 轴心抗压强度有所增强，但是强度增加不明显，可提高 1%～10%。分析原因与立方体抗压强度和劈拉强度一致。

（5）胶凝砂砾石材料轴心抗压强度和立方体抗压强度呈线性关系，胶凝砂砾石材料轴心抗压强度为立方体抗压强度的 56% 倍左右。

（6）通过大量试验数据整理后，按立方体抗压强度分为不同区间，对应的材料抗压弹性模量见表 2.5－1。

表 2.5－1　　　　不同立方体抗压强度区间对应的抗压弹性模量值

抗压强度/MPa	抗压弹性模量/GPa	抗压强度/MPa	抗压弹性模量/GPa
4～5	6.86	7～9	12.21
5～6	8.72	9～10	16.57
6～7	10.09		

胶凝砂砾石材料的静力抗压弹性模量随着试验配合比的变化而变化，数值介于 5～18GPa 之间。常规混凝土 C10 的弹性模量为 17.5GPa，故胶凝砂砾石材料整体抗压弹性模量低于 C10 混凝土。另外，胶凝砂砾石材料的抗压弹性模量和材料抗压强度变化规律一致，强度高时弹性模量大，强度低时弹性模量小。但材料弹性模量整体来说数值偏低，材料抵抗变形能力差。

2.5.3　抗弯强度影响分析

2.5.3.1　试验方法

（1）试验仪器。本书采用简支梁三分点加荷法测定胶凝砂砾石材料抗弯强度。

试验室拥有一台附带有全自动控制系统的压力机，该试验机主要用来进行抗弯强度试验，根据试验规范要求，弯曲试验试验机需带有弯曲试验架，因此，在进行弯曲试验之前需要对试验室的试验机进行相应的改造。

试验加荷装置为：双点加荷的钢制加压头，要求应使两个相等的荷载同时作用在小梁的两个三分点处,与试件接触的两个支座头和两个加压头应具有半径约15mm的弧形端面,其中的一个支座头和两个加压头宜既能滚动又能前后倾斜,试件受力情况如图2.5-5所示,图中1为支座,2为应变片,此次试验中 h 取值为100mm。

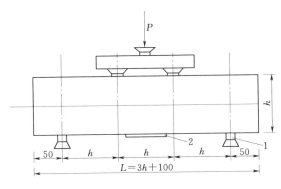

图 2.5-5　弯曲试验示意图

在实际的改造中,由于上部的加荷部件固定在压力计上压板上,上压板以球铰形式连接,同样能够前后倾斜,故而将两个半径约15mm弧形端面的加压头直接固定在上部加荷装置上。下部支座是将一个半径15mm弧形端面的支座头固定于底座一端,另一端是将同样的支座头放置于底座上,可以自由滚动,满足规范的要求。在上部加荷装置上开凿两个螺丝孔,将上部加荷装置固定于压力机上压板上,使之成为整体,下部支座装置放置于压力机的下压板上即可。弯曲试验加荷装置改装如图2.5-6所示。

图 2.5-6　弯曲试验加荷装置

(2)试验步骤。

1)试件到达规定龄期后,从养护室取出试件,并尽快试验。试验前应用湿布覆盖试件,防止试件干燥。

2)试验前将试验所用试件擦拭干净,检查试件外观,有严重外形缺陷的试件应该更换,避免对试验的实际结果产生影响,测量试件端面尺寸,测量精度应精确至1mm,并且在试件的侧面画出加荷点位置和支座头所在位置作为放置试件时的基准线。

3)测试弯曲拉伸应变时,先将试件底面中间段受拉侧粘贴电阻应变片位置的表面用电吹风吹干，随后用502胶粘贴应变片，粘贴前确认应变片的正反面，防止贴反，并再次检查应变片是否粘贴牢固，防止试验过程中掉落。

4）将试件在试验机的支座上放稳，根据已画好的基准线对正，试件成型时的侧面应作为试验时的承压面。调整支座头和加压头的位置，间距的偏差不应大于±1mm。开动试验机，当加压头与试件承压面将要接近时，停止试验机调整加压头及支座，使其与试件均衡接触。如加压头与支座不能接触均衡，则在接触不良处应予以垫平，保证荷载均匀加载在试件上（图2.5-7）。对压力机参数进行设置，加载速率设置为0.1kN/s，随后对变形测量装置——电阻应变仪的相关参数进行设置。

5）开动试验机，进行两次预弯，预弯荷载相当于破坏荷载的15%～20%，由于胶凝砂砾石材料抗弯强度较之普通混凝土低，在预弯时同时使用电阻应变仪对应变进行监控，防止预加载过多导致试件断裂。预弯完毕后，重新调整应变仪，使应变指示为0，然后进行正式测试，以100N/s的加载速率连续而均匀地加载，不得出现冲击的状况，每加载500N测读并记录应变值，在测读前应保持荷载40s左右，待之稳定。当试件破坏时，退出加载（图2.5-8），立即关闭电阻应变仪，防止压力机产生的微小静电击穿电阻应变仪。

图2.5-7　弯曲试验　　　　　　　　　图2.5-8　试件破坏

2.5.3.2　影响因素分析

通过大量试验研究表明，水胶比、砂率、水泥用量、粉煤灰掺量等因素对胶凝砂砾石材料的抗弯强度影响规律与对立方体抗压强度影响规律一致，且材料抗弯强度与材料立方体抗压强度存在一定的对应关系，具体研究结论如下。

（1）在工程常用配合比范围中，存在最优水胶比，且最优水胶比和砂率紧密相关。工程常见砂率为0.1～0.4，对应的最优水胶比在1.0～1.4之间。砂率高时，对应的最优水胶比取上限，反之取下限。

（2）胶凝砂砾石材料配合比设计存在最优砂率，砂率为 0.2 时，胶凝砂砾石材料抗弯强度最大。

（3）同等条件下，每立方米胶凝砂砾石材料中，水泥用量每增加 10kg，材料抗弯强度可提高 25%～60%。且当胶凝材料（水泥＋粉煤灰）总量小于 100kg/m³ 时，在最优水灰比、最优砂率下，水泥用量为 40kg/m³ 时，胶凝砂砾石材料抗弯强度可达 0.5MPa 左右；水泥用量为 50kg/m³ 时，胶凝砂砾石材料抗弯强度可达 0.7～1.1MPa；水泥用量为 60kg/m³ 时，胶凝砂砾石材料抗弯强度可达 1.3～1.7MPa；水泥用量为 70kg/m³ 时，胶凝砂砾石材料抗弯强度可达 2.0MPa 左右。

（4）同等条件下，每立方米胶凝砂砾石材料中，粉煤灰掺量每增加 10kg，材料 28d 抗弯强度有所增强，但是强度增加不明显，可提高 3%～15%。

（5）胶凝砂砾石材料的抗弯强度和立方体抗压强度存在线性关系，胶凝砂砾石材料的抗弯强度为立方体抗压强度的 15% 左右。

（6）通过大量试验数据整理后，按立方体抗压强度分为不同区间，对应的材料抗弯弹性模量见表 2.5-2。

表 2.5-2　　不同立方体抗压强度区间对应的抗弯弹性模量值

抗压强度/MPa	抗弯弹性模量/GPa	抗压强度/MPa	抗弯弹性模量/GPa
4～5	5.88	7～9	10.21
5～6	7.22	9～10	13.38
6～7	8.54		

分析数据可得，胶凝砂砾石材料的弯曲弹性模量随着试验配合比的变化而变化，数值介于 4～14GPa 之间，且材料抗弯弹性模量与抗压弹性模量之间存在一定的比值关系，胶凝砂砾石材料的弯曲弹性模量约为抗压弹性模量的 82.6%，材料抵抗弯曲变形能力差。

2.6　三轴抗剪试验研究

2.6.1　破坏形态及应力应变关系

不固结不排水情况下，试件在各级恒定围压下，随着轴向荷载的不断增大最后发生剪切破坏，从破坏试件本身可以看出：

（1）试件在剪切破坏过程中，向周围膨胀，表现出较为明显的剪胀特征。

（2）部分试件受剪切后，呈现出较为明显的剪切破坏面，如图 2.6-1 所示，但部分试件破坏后剪切破坏面不太明显，或成散粒状态。分析原因，胶凝

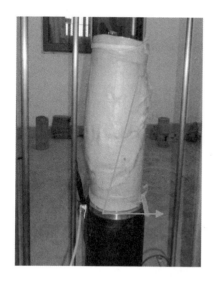

图 2.6-1 试件破坏

砂砾石材料具有较为明显的脆性破坏特性，这是由于在正应力与剪应力共同作用下，试块颗粒间发生错动和挤压，使颗粒排列趋于某一方向运动，最终形成一个软弱剪切面，试样沿着这一剪切破坏面破坏；而在砂率较大的情况下，试件内部骨料颗粒之间的填充物主要是砂，试样在剪切破坏后，骨料颗粒间的错动排列呈现不规则，形成的剪切破坏面不固定，破坏后试样成散粒状。

（3）试件基本从胶结面剪切破坏，骨料一般不会破碎。分析原因，胶凝砂砾石材料不同于混凝土材料，主要是通过胶凝材料将骨料胶结在一起，在受到破坏荷载的情况下，首先受到破坏的是颗粒间胶结材料，骨料不会破碎。

胶凝砂砾石材料是一种典型的弹塑性材料，具有明显的非线性、应变软化和剪胀性等特征。在低应力水平下表现出线弹性性质，随着应力逐步增大进入塑性阶段，直至达到峰值强度，此后，随着应变的增大应力降低，体现出明显的软化特征，最终趋于残余强度。图 2.6-2 为水泥用量 50kg/m³、粉煤灰掺量 40kg/m³、水胶比 1.0、砂率 0.2 时不同围压下三轴试验得到的应力应变曲线。

经试验分析可得以下结论。

（1）应力应变曲线总体上可以分为以下 3 个阶段。

1）近似直线段。从开始加载到应力达到胶凝砂砾石材料极限强度的 75% 左右时，试件应力随应变基本呈线性增长，当应变在 1% 左右时达到弹性极限强度，该强度也可称为屈服强度。应变在 0~1% 阶段内，胶凝砂砾石材料可近似地看作线弹性材料。

2）曲线上升段。随着应变的继续增加，当应力超过材料的弹性极限强度

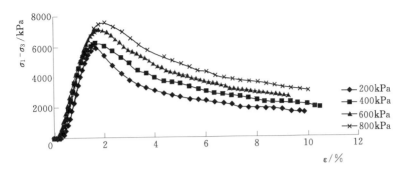

图 2.6 - 2 修正后的应力应变曲线

时，应力随应变的增加缓慢增加，增加幅度明显减小，材料表现出非线性特征，此时试件表面开始出现裂缝，数量较少；当试件应力接近胶凝砂砾石材料的极限强度时，试件裂缝数量增加，裂缝宽度增大，试件表面裂缝大部分为竖向裂缝，内部已开始从胶结面处大致呈 45°开裂；当试件应力达到极限强度时，试件严重开裂以致不能承受更大的外荷载，此时极限强度称为峰值强度，相应的应变称为峰值应变。从曲线可以看出，当应变值在 2%左右时材料达到峰值强度。

3）曲线下降段。超过峰值强度后，试件开裂严重，以致材料处于失稳扩展状态，因而其承受荷载的能力下降。随着应变的增加，起初应力快速下降，试件逐渐向周围扩展，体积膨胀，表现出较明显的剪胀特性；继续对试样施加压力，变形的增大致使剪切位移克服了颗粒之间的咬合作用，颗粒结构崩解松散，凝聚力下降很快，但试件仍然能够承受一定的外荷载；当应变超过 9%时，随着变形的增大，材料强度基本保持不变，趋于一个定值，即残余强度。

（2）在同一胶凝含量和水胶比下，随着轴心抗压强度或立方体抗压强度的增加，曲线屈服强度和峰值强度基本上也随之增加。

2.6.2 结果与分析

在三轴试验应力应变曲线中，当围压为 0 时，对应的峰值强度可认为是其轴心抗压强度，故按轴心抗压强度的大小排列试验曲线数据，研究曲线各特征强度与围压的关系。

2.6.2.1 峰值强度与围压的关系

根据应力应变曲线，随着围压的升高，材料破坏时峰值强度也随之提高，同时，随着轴心抗压强度的增加，对应的三轴抗剪强度也在增加。为探寻围压、峰值强度和轴心抗压强度之间的关系，对测得的三轴试验曲线进行数据拟合分析，结果见表 2.6-1 和表 2.6-2。

表 2.6-1　　　　　　　　峰值强度与轴心抗压强度的关系

| 轴心抗压强度/kPa | 围　　压/kPa | | | | | 拟合方程 | 相关系数 |
	200	400	600	800	1000		
2250	4237.3	5057.4	6715.1	7628.6		$y=6.617x+2530$	0.98
2850	5103.1	5750.2	7258.5	8414.7		$y=6.642x+3218$	0.97
3290	5210.7	6166.4	8237.8	9345.9		$y=7.569x+3422$	0.99
3450	5591.6	7390.5	8653.6	10616.0		$y=8.697x+3661$	0.99
3930	5988.9	6282.2	7168.0	7610.4		$y=4.27x+4487$	0.90
4780		4967.1	7708.3	9718.2	12453.9	$y=7.853x+3528$	0.86
5050		8390.8	9018.6	9841.0	11052.0	$y=5.768x+5440$	0.97

表 2.6-2　　　　　　　　峰值强度与围压的关系

轴心抗压强度/MPa	拟合方程	围压每增加100kPa 峰值强度增加量/kPa
2.0~2.5	$y=6.503x+2226$	650
2.5~3.0	$y=6.154x+2843$	615
3.0~3.5	$y=6.466x+3277$	646
3.5~4.0	$y=7.393x+3880$	739
4.0~5.0	$y=7.246x+4485$	725

由表 2.6-1 和表 2.6-2 可以看出，随着围压的增大，胶凝砂砾石材料破坏时峰值强度也随之增大，两者呈现出较为明显的线性相关性。

2.6.2.2　屈服强度与围压的关系

根据三轴试验应力应变曲线，随着围压的升高，材料的屈服强度也随之提高。对三轴试验曲线屈服强度与围压进行拟合分析，结果见表 2.6-3。

表 2.6-3　　　　　　　　屈服强度与轴心抗压强度的关系

轴心抗压强度/MPa	拟合方程	围压每增加100kPa 屈服强度增加量/kPa
2.0~2.5	$y=4.971x+1719$	497
2.5~3.0	$y=4.647x+2177$	465
3.0~3.5	$y=5.024x+2558$	502
3.5~4.0	$y=5.358x+2823$	536
4.0~5.0	$y=5.307x+3262$	531

由表 2.6-3 可以看出，胶凝砂砾石材料三轴试验中，随着围压的增大，材料屈服强度也随之增大，两者呈现出较为明显的线性相关性。

同时，结合表 2.6-1、表 2.6-2 和表 2.6-3 可以看出，屈服强度与围压

的拟合直线的斜率与截距为峰值强度与围压的拟合直线的斜率与截距的 75%
左右。

2.6.2.3 残余强度与围压的关系

根据三轴试验应力应变曲线，随着围压的升高，材料的残余强度也随之提
高。对三轴试验曲线残余强度与围压进行拟合分析，结果见表 2.6-4。

表 2.6-4 残余强度与轴心抗压强度的关系

轴心抗压强度/MPa	拟合方程	围压每增加 100kPa 残余强度增加量/kPa
2.0～2.5	$y = 4.325x + 731.7$	433
2.5～3.0	$y = 4.112x + 829.9$	411
3.0～3.5	$y = 4.934x + 550.5$	493
3.5～4.0	$y = 4.954x + 986.6$	495
4.0～5.0	$y = 4.134x + 716.1$	413

由表 2.6-4 可以看出，胶凝砂砾石材料三轴试验中，随着围压的增大，
材料残余强度也随之增大，两者呈现出较为明显的线性相关性。

2.6.2.4 胶凝砂砾石材料抗剪指标与抗压强度的关系

结合三轴试验应力应变曲线，绘制摩尔-库仑圆，依据摩尔-库仑原理，求
得材料抗剪强度指标值：凝聚力与内摩擦角。

为了进一步研究胶凝砂砾石材料一维应力状态下立方体抗压强度与二维应
力状态下三轴抗剪强度的关系，将立方体试块 28d 抗压强度与同一配合比下的
三轴抗剪强度指标进行对应，结果见表 2.6-5。

表 2.6-5 立方体抗压强度与抗剪强度指标 c、φ 值对应表

抗压强度/MPa	c/kPa	$\varphi/(°)$	抗压强度/MPa	c/kPa	$\varphi/(°)$
3～4	320	47.2	6～7	640	50.3
4～5	430	48.3	7～8	720	50.5
5～6	500	49.6	8～9	850	51.0

对表 2.6-5 中数据进行曲线拟合，如图 2.6-3 和图 2.6-4 所示。

由图 2.6-3 和图 2.6-4 中可以看出，随着胶凝砂砾石材料立方体抗压强
度的增加，其三轴抗剪强度也在增加，具体表现在凝聚力 c 值和内摩擦角 φ 值
的增加，图中分别用幂函数和多项式对数据进行了拟合，相关性较高。

2.6.2.5 固结排水试验

（1）试验步骤。饱和试样采用期龄 28d 的试样进行浸泡饱和，并在三轴仪

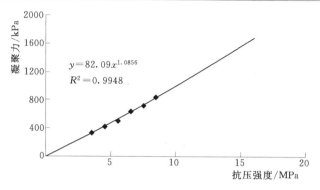

图 2.6-3 抗压强度与凝聚力的关系曲线

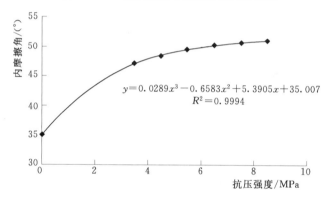

图 2.6-4 抗压强度与内摩擦角的关系曲线

上进行反压饱和并固结。试验开始前应先对试样进行抽气饱和,抽气过程中会边抽气边进水,抽气一段时间保持真空度稳定后,待抽气筒内水面无气泡冒出时即停止抽气,并释放抽气缸内真空,之后保持试样在水中静置 10h 以上,随后再进行试验,其具体操作步骤如下。

1)装样。装样步骤同不固结不排水试验(唯一不同的是,试样下部放置的是透水垫片),装样前应先用球阀将底座和试样帽上的透水石充水饱和,防止试样在剪切排水过程中试件内的部分水渗入透水石以致测出的体积不准。待绑扎好试样后,用球阀吸水将仪器底部(与外界反压管阀也连通)与试样上下两端连通的反压管内空气排净,以免管内空气进入试样。

2)反压饱和。反压饱和步骤除了与不固结不排水试验加压步骤中"将围压管和反压管依次与仪器上相对应的开关阀相连并开启"之前相同外,同时应将压力/体积控制器上与反压管阀相连通的排水管阀打开,并将 CATS 软件程序选中"饱和",先对试样施加 50kPa 的周围压力预压,之后分级施加围压与反压(施加反压过程中始终保持围压比反压大 50kPa),运行程序,直到设定的饱和度 B(孔隙压力系数)满足要求为止(鉴于该材料与土还存在较大的差异，饱和度 B 可能不会太大）。

3）固结。待饱和完成后，调节围压与反压数值，使二者差值满足所需数值（差值与有效围压接近），将 CATS 软件程序选中"固结"，运行该程序直到试件体积不发生变化，表示固结已完成。

4）固结排水。待固结完成后，针对固结过程中施加的周围压力（分别为 0.2MPa、0.4MPa、0.6MPa、0.8MPa），这里，围压指有效周围压力，即电脑上围压读数与反压读数之差，在允许试样有水排出的情况下，逐渐增大轴向荷载直至试件破坏，输出数据。

（2）结果分析。以配比中水泥用量 50kg/m³、粉煤灰掺量 40kg/m³、水胶比 1.2、砂率 0.4 为例来探讨有关固结排水的情况，固结排水应力应变关系曲线如图 2.6-5 所示，轴向应变与体积应变曲线如图 2.6-6 所示。

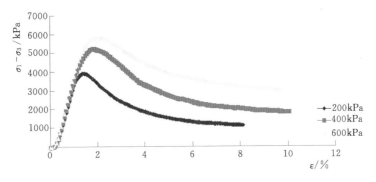

图 2.6-5　固结排水应力应变关系曲线

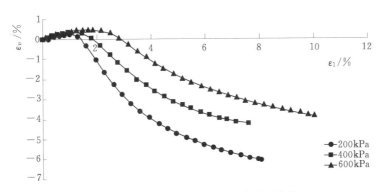

图 2.6-6　轴向应变与体积应变关系曲线

从图 2.6-5 轴向应变与体积应变关系曲线中可以看出，在固结排水剪中，胶凝砂砾石材料的体积随应力应变的变化而变化，起初体积随偏应力的增加而减小，且减小幅度越来越小，当减小至 0 以后，压力再增大时，试样呈现出剪胀特征。体积应变分为剪胀和剪缩两类，表现在排水剪中，体缩变形则排水，体胀变形则吸水。在一般情况下，材料先呈现剪缩变形，之后，随着应变的逐渐增大，剪胀变形越来越明显。在同一配合比下，围压越大，剪缩变形越大；相反地，围压越小，剪胀变形越大。

由于胶凝砂砾石材料由胶凝材料、砂砾石和砂组成，且砂砾石颗粒大小不一，由于颗粒本身强度很高，再加上颗粒与胶凝材料的胶结作用，材料的抗剪强度主要由胶凝材料与颗粒间的黏结力、颗粒间的咬合力和摩擦阻力组成。在剪切过程中，由于受到轴向荷载这一外力作用，引起颗粒沿剪切面方向移动或滚动，出现体变。起初由于颗粒间凝聚力很大，要克服剪应力发生剪切破坏，外力提供的轴向荷载一般较大，从试件破坏过程可以看出，试件最后剪切破坏时，颗粒一般不会破碎，剪切破坏的发生一般是随着变形的增大，剪切位移克服了颗粒之间的咬合作用，颗粒结构崩解松散，凝聚力下降很快，最后，由于内摩擦力还在发挥作用，使试样还能承受一定的外荷载。

在排水剪切过程中，当围压较小时，阻碍颗粒移动的阻力就相对变小，最后剪胀变形就越大，发生剪胀变形的结果，会导致材料整体结构变松，强度明显削弱，反映在应力应变曲线上即为应变软化型。

2.6.2.6 K-G 试验

根据《土工试验规程》（SL 237—1999）"土的变形参数试验"，对于三维应力状态，引入球应力 p 与偏应力 q 两个分量反映土的复杂应力状态，而体积模量 K 和剪切模量 G 分别反映了土体在球应力和偏应力作用下的弹性性质。对于胶凝砂砾石材料而言，当胶凝材料含量较低时，力学性能与土体材料有相似之处，为此进行 K-G 试验研究，探讨胶凝砂砾石材料在三维应力状态下的力学特性。

试验采用 LY-C 型拉压真三轴仪设备，试件尺寸为 150mm×150mm×150mm，设备单轴最大压力为 450kN，单轴最大拉力为 75kN，活塞行程为 50mm。

以配比中水泥用量 40kg/m³、粉煤灰掺量 40kg/m³、水胶比 1.0、砂率 0.2 为例进行试验。

（1）试验步骤。

1）切线体积模量 K_t。根据 $q=0$，即 $\sigma_1=\sigma_2=\sigma_3$ 等向固结排水，作体积应变与正应力曲线，即 ε_v-$p(\ln p)$ 曲线，$K_t=\dfrac{\mathrm{d}p}{\mathrm{d}\varepsilon_v}$。

2）切线剪切模量 G_t。剪切模量 G_t 的试验是先使土样在三向等压条件下固结至某平均正应力 p，然后在 $p=$ 常数的条件下做排水的三轴剪试验把试件剪切至破坏，在剪切的过程中 $\mathrm{d}p=0$，即 $p=\dfrac{\sigma_1+\sigma_2+\sigma_3}{3}$ 不变，作剪应变与偏应力曲线，即 ε_d-q 曲线，$G_t=\dfrac{\mathrm{d}q}{3\mathrm{d}\varepsilon_d}$。

（2）试验结果。试块等向压缩应力应变值见表 2.6-6。

表 2.6-6　　　　　　　　　　试块等向压缩应力应变值

应力/MPa	各　向　应　变		
	$\varepsilon_1/\%$	$\varepsilon_2/\%$	$\varepsilon_3/\%$
$\sigma_1=\sigma_2=\sigma_3=0.5$	0.50	0.30	0.08
$\sigma_1=\sigma_2=\sigma_3=1.0$	0.90	0.58	0.14
$\sigma_1=\sigma_2=\sigma_3=1.5$	1.32	1.09	0.21
$\sigma_1=\sigma_2=\sigma_3=2.0$	1.49	1.31	0.25
$\sigma_1=\sigma_2=\sigma_3=2.5$	1.75	1.51	0.30
$\sigma_1=3.5,\sigma_2=\sigma_3=2.0$	2.01	1.56	0.31
$\sigma_1=4.5,\sigma_2=\sigma_3=1.5$	2.16	1.55	0.29
$\sigma_1=5.5,\sigma_2=\sigma_3=1.0$	2.53	1.38	0.19

根据试验结果，图 2.6-7 和图 2.6-8 中给出了平均正应力与体积应变的拟合曲线和剪应变与偏应力的拟合曲线，根据拟合曲线即可求出切线体积模量 K_t 和切线剪切模量 G_t。

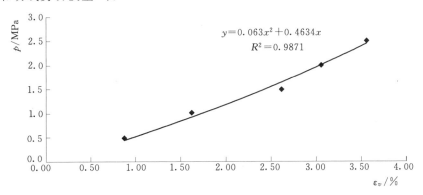

图 2.6-7　平均正应力与体积应变关系曲线

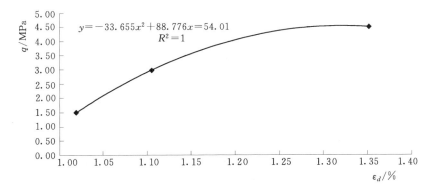

图 2.6-8　剪应变与偏应力关系曲线

2.7 本章小结

本章主要介绍了水胶比、砂率、水泥用量、粉煤灰掺量、龄期、骨料级配、试件尺寸等因素，对胶凝砂砾石材料立方体抗压强度、劈拉强度、轴心抗压强度、抗弯强度、三轴剪切强度的影响，并且分别给出了材料劈拉强度、轴心抗压强度、抗弯强度、三轴剪切强度等与立方体抗压强度的相关关系，得出的主要结论有以下几个方面。

（1）立方体抗压强度。

1）水胶比对胶凝砂砾石材料的 28d 抗压强度影响作用显著，工程常见砂率为 0.1～0.4，对应的最优水胶比在 1.0～1.4 之间。砂率高时，对应的最优水胶比取上限，反之取下限。

2）砂率从 0.1 到 0.2，胶凝砂砾石材料抗压强度呈现明显的上升趋势，砂率从 0.2 到 0.3、0.4，胶凝砂砾石材料抗压强度则呈现出明显的下降趋势，胶凝砂砾石材料配合比设计同样存在最优砂率，砂率为 0.2 时，胶凝砂砾石材料抗压强度最大。

3）每立方米胶凝砂砾石材料中，水泥用量每增加 10kg，材料抗压强度可提高 15%～20%。且当胶凝材料（水泥＋粉煤灰）总量小于 100kg/m³ 时，在最优水灰比、最优砂率下，水泥用量为 40kg/m³ 时，胶凝砂砾石材料抗压强度可达 3～5MPa；水泥用量为 50kg/m³ 时，胶凝砂砾石材料抗压强度可达 5～6MPa；水泥用量为 60kg/m³ 时，胶凝砂砾石材料抗压强度可达 6～8MPa；水泥用量为 70kg/m³ 时，胶凝砂砾石材料抗压强度可达 8～10MPa。

4）同等条件下，每立方米胶凝砂砾石材料中，粉煤灰掺量每增加 10kg，材料 28d 抗压强度有所增强，但是强度增加不明显，可提高 1%～10%，材料 90d 抗压强度增幅在 5%～20%，比 28d 抗压强度增幅大。砂率低时，增幅偏上限，砂率高时，增幅偏下限。在同样水泥用量、水胶比、砂率前提下，随着粉煤灰掺量的增加，材料 90d 立方体抗压强度有一个先上升后下降的走势。粉煤灰掺量为胶凝材料总量（水泥＋粉煤灰）的 50% 时，为"最优掺量"。粉煤灰掺量为胶凝材料总量（水泥＋粉煤灰）的 40% 左右时，材料强度提高的效率最高，此时粉煤灰掺量为"经济掺量"。

5）胶凝砂砾石材料的抗压强度随养护龄期的增长而增大，龄期越长，强度越大。90d 龄期的胶凝砂砾石材料抗压强度为 28d 龄期抗压强度的 110%～140%，且材料 90d 和 28d 强度增长率，随着水胶比的增大而增大。大水胶比可以使材料后期强度显著提高，但此时的水胶比不一定是使材料强度达到最高的"最优水胶比"。

6）尺寸为 300mm×300mm×300mm 试件的抗压强度低于 150mm×150mm×150mm 试件的抗压强度，且 300mm×300mm×300mm 试件的抗压强度为 150mm×150mm×150mm 试件的抗压强度的 87.5%；尺寸为 450mm×450mm×450mm 试件的抗压强度低于 150mm×150mm×150mm 试件的抗压强度，且 450mm×450mm×450mm 试件的抗压强度为 150mm×150mm×150mm 试件的抗压强度的 71.5%。

7）随着胶凝砂砾石材料骨料级配的增大，材料强度总体上体现出降低趋势，骨料级配对胶凝砂砾石材料试验强度有较大影响。同种配合比前提下，三级配立方体试块 28d 抗压强度是二级配立方体试块的 75% 左右，全级配立方体试块 28d 抗压强度是二级配立方体试块的 65% 左右。

同样配合比前提下的三级配试件，因不同粒径骨料的掺量不同，对材料强度影响很大。试验抗压强度最大值是最小值的近 2 倍。骨料级配良好与否，对材料强度影响重大，级配良好的骨料强度较高。

（2）劈拉强度。在工程常用配合比范围中，水胶比、砂率、水泥用量、粉煤灰掺量等因素对胶凝砂砾石材料劈裂抗拉强度影响与对立方体抗压强度影响规律基本一致。

1）在工程常用配合比范围中，材料劈裂抗拉强度，存在最优水胶比，且最优水胶比和砂率紧密相关。工程常见砂率为 0.1~0.4，对应的最优水胶比在 1.0~1.4 之间。砂率高时，对应的最优水胶比取上限，反之取下限。

2）胶凝砂砾石材料配合比设计同样存在最优砂率，砂率为 0.2 时，胶凝砂砾石材料劈拉强度最大。

3）同等条件下，每立方米胶凝砂砾石材料中，水泥用量每增加 10kg，材料劈拉强度可提高 10%~25%，但胶凝砂砾石材料劈拉强度较低，通过增加每立方米胶凝砂砾石材料中水泥用量，来提高其劈拉强度效果不明显。当胶凝砂砾石材料用在大坝工程中时，应尽量避免产生拉应力，或采取有效措施降低其拉应力。

4）同等条件下，每立方米胶凝砂砾石材料中，粉煤灰掺量每增加 10kg，材料 28d 劈拉强度有所增强，但是强度增加不明显，可提高 3%~10%。

5）胶凝砂砾石材料的抗压强度和劈拉强度存在一定的比值关系，胶凝砂砾石材料劈拉强度是抗压强度的 7%~12%，即胶凝砂砾石材料劈拉强度是抗压强度的 1/10 左右。

（3）轴心抗压强度。

1）在工程常用配合比范围中，材料轴心抗压强度，存在最优水胶比，且最优水胶比和砂率紧密相关。工程常见砂率为 0.1~0.4，对应的最优水胶比在 1.0~1.4 之间。砂率高时，对应的最优水胶比取上限，反之取下限。

2）胶凝砂砾石材料配合比设计存在最优砂率，砂率为 0.2 时，胶凝砂砾石材料轴心抗压强度最大。

3）同等条件下，每立方米胶凝砂砾石材料中，水泥用量每增加 10kg，材料轴心抗压强度可提高 10%～25%。

4）同等条件下，每立方米胶凝砂砾石材料中，粉煤灰掺量每增加 10kg，材料 28d 轴心抗压强度有所增强，但是强度增加不明显，可提高 1%～10%。

5）胶凝砂砾石材料轴心抗压强度和立方体抗压强度存在一定的比值关系，比值在 0.5～0.6 之间，即胶凝砂砾石材料轴心抗压强度为立方体抗压强度的 56%左右。

6）胶凝砂砾石材料的静力抗压弹性模量随着试验配合比的变化而变化，数值介于 5～18GPa 之间。常规混凝土 C10 的弹性模量为 17.5GPa，故胶凝砂砾石材料整体抗压弹性模量低于 C10 混凝土。另外，胶凝砂砾石材料的抗压弹性模量和材料抗压强度变化规律一致，强度高时弹性模量大，强度低时弹性模量小。但材料弹性模量整体来说数值偏低，材料抵抗变形能力差。

（4）抗弯强度。

1）在工程常用配合比范围中，材料抗弯强度，存在最优水胶比，且最优水胶比和砂率紧密相关。工程常见砂率为 0.1～0.4，对应的最优水胶比在 1.0～1.4 之间。砂率高时，对应的最优水胶比取上限，反之取下限。

2）胶凝砂砾石材料配合比设计存在最优砂率，砂率为 0.2 时，胶凝砂砾石材料抗弯强度最大。

3）同等条件下，每立方米胶凝砂砾石材料中，水泥用量每增加 10kg，材料抗弯强度可提高 25%～60%。

4）同等条件下，每立方米胶凝砂砾石材料中，粉煤灰掺量每增加 10kg，材料 28d 抗弯强度有所增强，但是强度增加不明显，可提高 3%～15%。

5）胶凝砂砾石材料的抗弯强度和立方体抗压强度存在一定的比值关系，比值在 0.08～0.21 之间，即胶凝砂砾石材料的抗弯强度为立方体抗压强度的 15%左右。

6）胶凝砂砾石材料的弯曲弹性模量随着试验配合比的变化而变化，数值介于 4～14GPa 之间，且材料抗弯弹性模量与抗压弹性模量之间存在一定的比值关系，比值在 0.7～0.8 之间，胶凝砂砾石材料的弯曲弹性模量约为抗压弹性模量的 82.6%，材料抵抗弯曲变形能力差。

（5）三轴剪切强度。

根据应力应变曲线，随着围压的升高，材料破坏时峰值强度也随之提高，同时，随着轴心抗压强度的增加，对应的三轴抗剪强度值也在增加。分析试验数据得：①随着围压的增大，胶凝砂砾石材料破坏时峰值强度也随之增大，两者呈现出较为明显的线性相关性；②随着围压的增大，材料屈服强度也随之增大，两者呈现出较为明显的线性相关性，且屈服强度与围压的拟合直线的斜率与截距为峰值强度与围压的拟合直线的斜率与截距的 75％ 左右；③随着围压的增大，材料残余强度也随之增大，两者呈现出较为明显的线性相关性；④随着胶凝砂砾石材料立方体抗压强度的增加，其三轴抗剪强度也在增加，具体表现在凝聚力 c 值和内摩擦角 φ 值的增加。

第3章

胶凝砂砾石材料耐久性试验研究

耐久性是衡量材料在长期使用条件下安全性能的一项综合指标，包括抗冻性、抗风化性、抗老化性和耐化学腐蚀性等。胶凝砂砾石材料作为一种由混凝土材料演化而来的建筑材料，多用于水利工程，抗冻融性、抗渗和抗溶蚀是该领域众多设计工作者及研究人员关注的重要问题，针对胶凝砂砾石材料耐久性抗渗、抗溶蚀的研究才刚起步，抗冻融特性研究几乎空白，急需针对胶凝砂砾石抗冻融特性进行研究，本章主要采用快速冻融室内试验的方法考察水胶比、水泥用量、砂率、粉煤灰、硅粉等对胶凝砂砾石耐久性的影响。

3.1 试验目的及内容

3.1.1 试验目的

根据胶凝砂砾石材料力学性能试验研究，每立方米胶凝砂砾石材料中，水泥用量每增加 10kg，材料抗压强度可提高 15%～20%。当胶凝材料（水泥＋粉煤灰）总量小于 100kg/m³ 时，在最优水灰比、最优砂率下，水泥用量 40kg/m³ 时，胶凝砂砾石材料抗压强度可达 5～6MPa；水泥用量 50kg/m³ 时，胶凝砂砾石材料抗压强度可达 6～8MPa；水泥用量 60kg/m³ 时，胶凝砂砾石材料抗压强度可达 8～9MPa；水泥用量 70kg/m³ 时，胶凝砂砾石材料抗压强度可达 10MPa 左右。水泥用量的增加对胶凝砂砾石材料抗压强度的增强作用显著，水泥用量是影响胶凝砂砾石材料强度的主要因素之一。

参照上述结论设定水泥用量在 40kg/m³ 时胶凝砂砾石材料强度较低，水泥用量在 50～60kg/m³ 时认为胶凝砂砾石材料强度中等，水泥用量在 70kg/m³ 以上时认为胶凝砂砾石材料强度较高，由于低强胶凝砂砾石材料强度过低，很难用于高坝施工，故本章主要考察各种因素（水胶比、粉煤灰掺量、砂率和外加剂）影响下高强和中强胶凝砂砾石材料的抗冻性能，并确定其劣化指标。

3.1.2 试验配合比

试验主要针对水泥用量为 50kg/m³、60kg/m³、70kg/m³ 时，粉煤灰掺量、水胶比和砂率的变化对抗冻融指标的影响。胶凝材料是水泥和粉煤灰两种材料的总称，试验设置的胶凝材料含量变化范围为 $80\sim100\mathrm{kg/m^3}$，故而粉煤灰掺量分别为 $30\mathrm{kg/m^3}$、$40\mathrm{kg/m^3}$ 和 $50\mathrm{kg/m^3}$。水胶比是影响胶凝砂砾石材料强度的重要因素，此次设计是在抗拉强度试验、弯曲试验、抗压强度试验和三轴试验的基础上进行的，参考上述试验结果，将水胶比设定为 1.0 和 1.2，砂率设定为 0.2、0.3 和 0.4。快速冻融试验配合比设计见表 3.1-1～表 3.1-5。

表 3.1-1　　　　快速冻融试验配合比设计（水泥 $50\mathrm{kg/m^3}$）

编号	水泥用量/(kg/m³)	粉煤灰掺量/(kg/m³)	水胶比	砂率	试件尺寸/(mm×mm×mm)
A1			1.58	0.418	100×100×400
A2			1.58	0.418	100×100×400
A3				0.2	100×100×400
A4		30	1.00	0.3	100×100×400
A5				0.4	100×100×400
A6				0.2	100×100×400
A7			1.20	0.3	100×100×400
A8				0.4	100×100×400
A9				0.2	100×100×400
A10	50		1.00	0.3	100×100×400
A11		40		0.4	100×100×400
A12				0.2	100×100×400
A13			1.20	0.3	100×100×400
A14				0.4	100×100×400
A15				0.2	100×100×400
A16			1.00	0.3	100×100×400
A17		50		0.4	100×100×400
A18				0.2	100×100×400
A19			1.20	0.3	100×100×400
A20				0.4	100×100×400

表 3.1 - 2　　　　　　　快速冻融试验配合比设计

编号	水泥用量/(kg/m³)	粉煤灰掺量/(kg/m³)	水胶比	砂率	试件尺寸/(mm×mm×mm)
A21	60	20	1.00	0.2	100×100×400
A22				0.3	100×100×400
A23				0.4	100×100×400
A24			1.20	0.2	100×100×400
A25				0.3	100×100×400
A26				0.4	100×100×400
A27		30	1.00	0.2	100×100×400
A28				0.3	100×100×400
A29				0.4	100×100×400
A30			1.20	0.2	100×100×400
A31				0.3	100×100×400
A32				0.4	100×100×400
A33		40	1.00	0.2	100×100×400
A34				0.3	100×100×400
A35				0.4	100×100×400
A36			1.20	0.2	100×100×400
A37				0.3	100×100×400
A38				0.4	100×100×400
A39	40	40	1.00	0.2	100×100×400
A40		50			100×100×400
A41	70	20	1.00	0.2	100×100×400
A42				0.3	100×100×400
A43				0.4	100×100×400
A44			1.20	0.2	100×100×400
A45				0.3	100×100×400
A46				0.4	100×100×400
A47		30	1.00	0.3	100×100×400
A48				0.2	100×100×400
A49				0.4	100×100×400
A50			1.20	0.3	100×100×400
A51				0.2	100×100×400
A52				0.4	100×100×400

表 3.1-3 快速冻融试验配合比设计（添加硅粉和外加剂）

编号	水泥用量/(kg/m³)	粉煤灰掺量/(kg/m³)	硅粉掺量/(kg/m³)	水胶比	砂率	减水剂+引气剂/%	试件尺寸/(mm×mm×mm)
Z1	50	25	5	1.00	0.4	1+0.08	100×100×400
Z2	50	35	5	1.00	0.4	1+0.08	100×100×400
Z3		45	5	1.00	0.4	1+0.08	100×100×400
Z4	60	14	6	1.00	0.4	1+0.08	100×100×400
Z5	60	24	6	1.00	0.4	1+0.08	100×100×400
Z6		34	6	1.00	0.4	1+0.08	100×100×400
Z7	70	13	7	1.00	0.4	1+0.08	100×100×400
Z8	70	23	7	1.00	0.4	1+0.08	100×100×400
Z9	50	35	5	1.58	0.418	1+0.08	100×100×400

表 3.1-4 快速冻融试验配合比设计（添加硅粉）

编号	水泥用量/(kg/m³)	粉煤灰掺量/(kg/m³)	硅粉掺量/(kg/m³)	水胶比	砂率	试件尺寸/(mm×mm×mm)
G1	50	25	5	1.00	0.4	100×100×400
G2	50	35	5	1.00	0.4	100×100×400
G3		45	5	1.00	0.4	100×100×400
G4	60	14	6	1.00	0.4	100×100×400
G5	60	24	6	1.00	0.4	100×100×400
G6		34	6	1.00	0.4	100×100×400
G7	70	13	7	1.00	0.4	100×100×400
G8	70	23	7	1.00	0.4	100×100×400
G9	50	35	5	1.58	0.418	100×100×400

表 3.1-5 快速冻融试验配合比设计（添加外加剂）

编号	水泥用量/(kg/m³)	粉煤灰掺量/(kg/m³)	硅粉掺量/(kg/m³)	水胶比	砂率	减水剂+引气剂/%	试件尺寸/(mm×mm×mm)
JJ1	50	30	0	1.00	0.4	1+0.08	100×100×400
JJ2	50	40	0	1.00	0.4	1+0.08	100×100×400
JJ3		50	0	1.00	0.4	1+0.08	100×100×400
JJ4	60	20	0	1.00	0.4	1+0.08	100×100×400
JJ5	60	30	0	1.00	0.4	1+0.08	100×100×400
JJ6		40	0	1.00	0.4	1+0.08	100×100×400

续表

编号	水泥用量/(kg/m³)	粉煤灰掺量/(kg/m³)	硅粉掺量/(kg/m³)	水胶比	砂率	减水剂＋引气剂/%	试件尺寸/(mm×mm×mm)
JJ7	70	20	0	1.00	0.4	1+0.08	100×100×400
JJ8		30	0	1.00	0.4	1+0.08	100×100×400
JJ9	50	40	0	1.58	0.418	1+0.08	100×100×400
J1	50	30	0	1.00	0.4	1+0	100×100×400
J2		40	0	1.00	0.4	1+0	100×100×400
J3		50	0	1.00	0.4	1+0	100×100×400
J4	60	20	0	1.00	0.4	1+0	100×100×400
J5		30	0	1.00	0.4	1+0	100×100×400
J6		40	0	1.00	0.4	1+0	100×100×400
J7	70	20	0	1.00	0.4	1+0	100×100×400
J8		30	0	1.00	0.4	1+0	100×100×400
J9	50	40	0	1.58	0.418	1+0	100×100×400

3.1.3　试验方法

3.1.3.1　快速冻融试验

参照《水工碾压混凝土试验规程》(DLT 5433—2009)和《水工混凝土试验规程》(SL 352—2006)，胶凝砂砾石快速冻融试件为非标准立方体试件，试件尺寸为100mm×100mm×400mm，使用压重块在试件上形成4.9kPa的表面压强。

选取了SJD型单卧轴强制式搅拌机拌和试验所用胶凝砂砾石材料，拌和物如图3.1-1所示。

在试验初期采用了塑料试模，浇筑后发现由于胶凝砂砾石材料中胶凝材料含量低，水泥砂浆并不富余，不能充分填充粗骨料与试模壁的间隙，在使用空压机吹模时出现漏气情况，试件不能完整拆下，发生吹出的部分仍然停留在试模内的断裂情况，因此舍弃塑料试模采用铸铁试模。铸铁试模在振动台上振动时，由于振动台面带有磁吸力，试模可依靠磁吸力与振动台保持相同的频率振动，基本不出现实际振动频率低于标准振动频率的情况，虽然在拆装时工序较多，但是考虑到保证试件成型质量，推荐试验中使用铸铁试模浇注胶凝砂砾石材料试件。铸铁模具清洗如图3.1-2所示。

相比于普通混凝土，装料过程中在胶凝砂砾石材料砂率较低的情况下易出现粗骨料与水泥砂浆分离的情况，为改善这一问题，实际拌制的量高出需要量

图 3.1-1　胶凝砂砾石拌和物

图 3.1-2　铸铁模具清洗

的 20％左右，并且取料时从料堆边缘向中间进行，装料时跌落的骨料不再使用，一批试件装料完成时剩余已拌和好的料不再使用，防止最后剩余材料中粗骨料过多，从而影响装入试模中材料的实际配合比。

　　在对胶凝砂砾石材料装填的试模进行插捣时，与普通混凝土的插捣方法基本一致，都是由试模边缘向中心呈螺旋形插捣，振捣时注意材料与试模接触面附近的材料是否捣实，避免试件棱角出现水泥砂浆的缺失。

　　振动台振实阶段，根据《水工混凝土试验规程》（SL 352—2006）中的相关规定，振动时间应控制在 2～3 倍 VC 值之间，而《胶结颗粒料筑坝技术导则》（征求意见稿）中给出 VC 值建议为 2～12s，结合试件制备经验，此次试验根据材料配合比的不同将振动时间控制在 12～20s 之间，具体由配合比不同进行适当调整。在振动过程中，尽可能地控制压重块，使其与试件上表面合理接触，避免出现架空或者倾斜的现象。

《水工混凝土试验规程》（SL 352—2006）规定，试件成型后拆模养护之前，应静置 24~48h，根据实际操作，24h 拆模后试件不能移动，会出现断裂或掉落缺失的情况，较为脆弱，因此将静置时间调整为 30h。

放入养护室进行标准养护，温度为 20℃±2℃，相对湿度在 95% 以上。试件养护如图 3.1-3 所示。

图 3.1-3　试件养护

冻融试验前 4d 应把试件从养护地点取出，进行外观检查，然后在温度为 15~20℃ 水中浸泡（包括测温试件）。浸泡时水面至少应高出试件顶面 20mm，试件浸泡 4d 后进行冻融试验。

浸泡完毕后，取出试件，用湿布擦除表面水分，称重，并按动弹性模量试验的规定测定其横向基频的初始值。

将试件放入试件盒内，为了使试件受温均衡，并消除试件周围因水分结冰引起的附加压力，试件的侧面与底部应垫放适当宽度与厚度的泡沫纸（因橡胶板不利于取出，故使用泡沫纸）。在整个试验过程中，盒内水位高度应始终保持高出试件顶面 5mm 左右。

把试件盒放入冻融箱内，其中装有测温试件的试件盒应放在冻融箱的中心位置。此时即可开始冻融循环。每次冻融循环应在 2~4h 内完成，其中用于融化的时间不得小于整个冻融时间的 1/4。在冻结和融化终了时，试件中心温度应分别控制在 -17℃±2℃ 和 8℃±2℃。每块试件从 6℃ 降至 -15℃ 所用的时间不得少于冻结时间的 1/2，试件内外的温度差不宜超过 28℃。冻和融之间的转换时间不宜超过 10min。

一般应每隔 25 次循环对试件作一次横向基频测量，测量前应将试件表面浮渣清洗干净，擦去表面积水，并检查其外部损伤和重量损失。横向基频的测量方法和步骤应按动弹性模量试验方法进行。试件的测量、称量和外观检查应尽量迅速，以免水分损失。

为保证试件在冷液中冻结时温度稳定均衡，当有一部分试件停冻取出时，应另有试件填充空位。取出时要小心轻放，用力不能过大，缓缓从模内倒出试块，如图 3.1-4 所示。

胶凝砂砾石试件冻融后的重量损失率应按式（3.1-1）计算：

$$\Delta W_n = \frac{G_0 - G_n}{G_0} \times 100 \qquad (3.1-1)$$

式中：ΔW_n 为经 n 次冻融循环后试件的重量损失率，以 3 个试件的平均值计算，%；G_0 为冻融循环试验前的试件重量，kg；G_n 为经 n 次冻融循环后的试件重量，kg。

图 3.1-4　将试块从试件盒内取出

3.1.3.2　动弹性模量试验

混凝土试件在冻融循环试验中，其动弹模量都会发生变化。动弹模量可以检验混凝土试件在经受冻融或其他侵蚀作用后遭受破坏的程度，并以此来评定混凝土的耐久性能。

现行的《水工碾压混凝土试验规程》（SL 48—94）和《水工混凝土试验规程》（SL 352—2006）通过测试混凝土试件的自振频率来计算动弹性模量，原理是使试件在一个可调频率的周期性脉冲力作用下产生受迫振动，根据共振频率和振动衰减系数计算混凝土的动弹性模量。

共振法混凝土动弹性模量测定仪（又称为共振仪）的输出频率可调范围为 100~20000Hz，输出功率应能使试件产生受迫振动。

此次试验使用天津市港源试验仪器厂生产的 DT-20 型混凝土动弹性模量测定仪，对不同试验阶段的胶凝砂砾石试件进行测定（图 3.1-5），计算其相对动弹性模量损失，试验过程如下。

（1）测定试件的质量和尺寸，试件重量的测量精度应在 ±0.5% 以内，尺寸的测量精度应在 ±1% 以内。每个试件的长度和截面尺寸均取 3 个部位测量的平均值。

（2）测定完试件的质量和尺寸后，将试件放置在橡胶垫上，使之不会轻易发生滑移。激振换能器在底座中心位置与试件长边的中线接触，接收换能的测杆轻轻地压在试件长边中线距端面 5mm 处。在测杆接触试件前，在测杆与试

图 3.1-5 动弹性模量测量试件和探头放置

件的接触面上涂一层薄薄的黄油或凡士林作为耦合介质，测杆压力的控制以不出现噪声为准。

（3）放置好测杆后，应先调整共振仪的激振功率和接收增益旋钮至适当位置，然后变换激振频率，并应注意观察指示电表的指针偏转。当指针偏转为表盘黑色刻度和红色刻度交接处时，表示试件达到共振状态，此时所显示的共振频率为试件的基频振动频率。每一测量应重复进行两次以上，当两次连续测值之差不超过两个测值的算术平均值的 0.5% 时，取这两个测值的算术平均值作为该试件的基频振动频率。

胶凝砂砾石动弹性模量参照《水工混凝土试验规程》（SL 352—2006）按照式（3.1-2）计算：

$$E_d = 14.45 \times 10^{-4} \times WL^3 f^2 / a^4 \tag{3.1-2}$$

式中：E_d 为动弹性模量，MPa；a 为试件正方形截面的边长，mm；L 为试件的长度，mm；W 为试件的质量，kg，精确到 0.01kg；f 为试件横向振动时的基频振动频率，Hz。

试件的相对动弹性模量计算公式为

$$P = \frac{E_{dh}}{E_{dq}} \tag{3.1-3}$$

式中：P 为经 n 次冻融循环后试件的相对动弹性模量，以 3 个试件的平均值计算，%；E_{dh} 为经 n 次冻融循环后试件的动弹性模量；E_{dq} 为冻融循环试验前测得的试件的动弹性模量。

3.1.4 混凝土各国冻融试验方法及损伤评价指标

胶凝砂砾石材料作为一种新型的建筑材料，对其抗冻性的研究尚缺少一定的试验标准。由于胶凝砂砾石材料组成与混凝土相似，故胶凝砂砾石材料冻融试验可参考混凝土冻融试验进行。

冻融试验方法不同的国家和地区有不同的标准，现将国内外常用的冻融试验标准进行简单介绍。

（1）美国材料试验协会（ASTM）标准。美国的抗冻性试验方法主要有两种：ASTM C666—97 检测混凝土抵抗快速冻融能力的标准方法和 ASTM C672 2003 检测混凝土表面暴露于冰盐时抗盐冻性的试验方法。

ASTM C666—97 是美国材料试验协会推荐的混凝土快速冻融的试验方法，分为 A 和 B 两种方法。A 法采用试件全部浸泡在清水（或盐水）中快速冻融，B 法采用冻在空气中而融在水中。冻融循环的温度在 $4.4\sim-17.8℃$ 范围内变化，降温速度为 $8\sim10℃/h$，试验连续进行直到 300 次或者动弹性模量减小到初始值的 60% 为止。

ASTM C672—2003 方法密封试件四周，仅在试件顶部使用 NaCl 溶液进行冻融。冻融循环结束后，通过测量试件超声传播时间和表面剥蚀量的变化来评价混凝土的抗冻性。

（2）国际材料试验协会（RILEM）标准。2002 年国际材料试验协会颁布了 RILEMTCl76 - IDC 2002L，包括两种方法，即平板法和 CIF（CF）法。

平板试验：平板试样从混凝土试验样品中锯出，试验时除顶部与底部外试件四周密封，3mm 深的去离子水层或 3%NaCl 溶液位于混凝土试样顶部，进行冻融循环。抗冻性通过测量 56 次循环后的平板表面的剥落情况进行评定。

CIF 试验：CIF 试验主要是在某一设定的液体中通过冻融循环测定混凝土内部结构的破坏，试验可以被剥落试验补充或合并。通常，蒸馏水被用作试验液体决定混凝土抗冻融的能力，3% 的 NaCl 溶液被用来监测混凝土在除冰盐中抗冻融的能力。CIF 试验通过超声波传输时间决定内部破坏。

（3）我国冻融循环试验标准。我国现行的混凝土抗冻性试验方法普遍是以美国 ASTM C666—97（A）方法为基础的，试件的冻结和融化均在水中进行。以混凝土的动弹性模量、质量损失率和相对耐久性指数作为评价指标，以质量损失率达 5% 或相对动弹性模量下降至 60% 作为混凝土冻融破坏的临界值，并规定以相对动弹性模量下降至 60% 或质量损失达 5% 时的冻融循环次数作为混凝土的抗冻标号，以此评价混凝土的抗冻性。

通过上述分析可知，经受一定次数的冻融循环后，混凝土的质量损失率、强度损失率（包括抗弯强度、抗压强度、劈拉强度等）、相对动弹性模量等都可以作为其劣化或损伤的评价指标。因强度损失率中抗压强度、劈拉强度试验采用标准试块尺寸为 100mm×100mm×100mm，与冻融试验标准试块尺寸（100mm×100mm×400mm）不相匹配，为减少试件尺寸的影响，这里采用抗弯强度（试验用标准试块为 100mm×100mm×400mm）作为胶凝砂砾石材料抗冻性指标。故最终将质量损失率、抗弯强度损失率和相对动弹性模量作为胶凝砂砾石材料抗冻性研究指标，并考察各指标的敏感性。

3.2　胶凝砂砾石材料外观损伤分析

胶凝砂砾石材料在试验室快速冻融循环下外观发生明显变化，如图 3.2-1～图 3.2-4 所示。

图 3.2-1　冻融前试块

图 3.2-2　冻融后试块坑蚀

图 3.2 - 3 冻融后粗骨料暴露

图 3.2 - 4 冻融后酥碎

（1）最初胶凝砂砾石试块表面几乎无损伤（图 3.2 - 1）。

（2）随着冻融循环的进行，有的试块表面逐渐出现许多小的坑蚀（图 3.2 - 2）。

（3）随着表面胶凝材料的流失，坑蚀孔洞逐渐变大，表面细骨料外露，且随着冻融循环次数的增加，细骨料逐渐剥落，粗骨料暴露（图 3.2 - 3）。

（4）随着冻融的进行，部分试件酥碎破坏（图 3.2 - 4）。

从外观损伤情况可以看出，外加剂对冻融环境下胶凝砂砾石试件外观的影响最为明显，其中同时加入减水剂和引气剂的试件外观损伤最小。

胶凝材料用量越大，试件的外观损伤越小。

水胶比小的胶凝砂砾石试块经过冻融循环后表面剥落情况明显好于水胶比

大的胶凝砂砾石试块。

很显然，酥碎破坏的试块已不具备抗冻胀能力。因试块制作过程中，一次搅拌材料成型同一配合比试件3块，为了避免浇筑质量对胶凝砂砾石性能的影响，对部分酥碎破坏的试块采用相同配合比进行了补充试验，尽可能地避免该类型破坏的试块产生。

3.3　质量损失规律

质量损失率是评价混凝土抗冻性能的一个重要指标，质量损失率可以反映冻融循环前后材料抵抗剥落的能力，这里考察各因素影响下胶凝砂砾石材料的质量损失规律，进而分析胶凝砂砾石材料的抗冻性。

3.3.1　水胶比对质量损失的影响

图3.3-1为快速冻融循环25次之后中强胶凝砂砾石试块水胶比对质量损

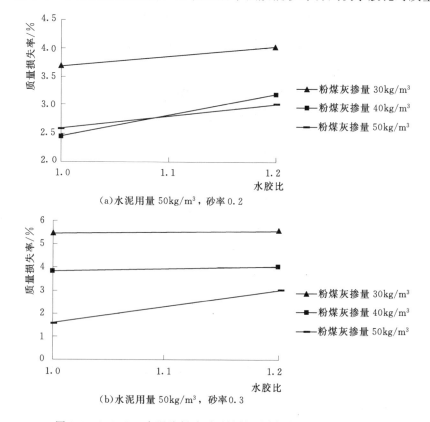

(a) 水泥用量50kg/m³，砂率0.2

(b) 水泥用量50kg/m³，砂率0.3

图3.3-1（一）　中强胶凝砂砾石材料不同水胶比下的质量损失

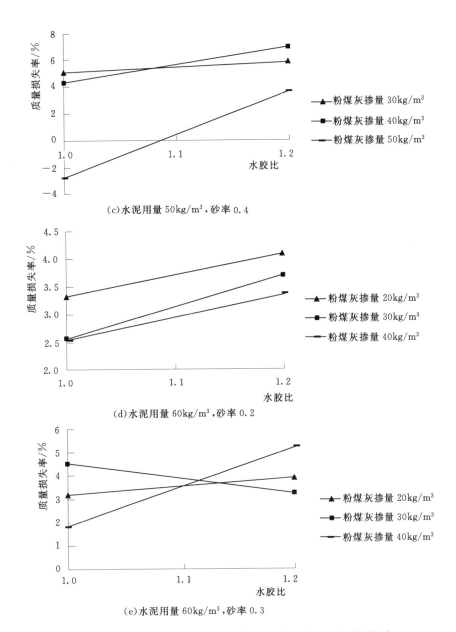

(c)水泥用量 50kg/m³,砂率 0.4

(d)水泥用量 60kg/m³,砂率 0.2

(e)水泥用量 60kg/m³,砂率 0.3

图 3.3-1（二） 中强胶凝砂砾石材料不同水胶比下的质量损失

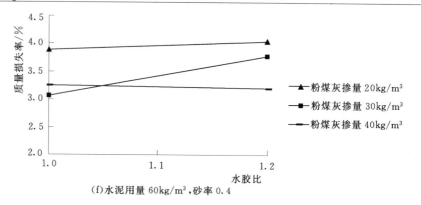

（f）水泥用量 60kg/m³，砂率 0.4

图 3.3-1（三）　中强胶凝砂砾石材料不同水胶比下的质量损失

失影响的试验结果。图 3.3-2 为快速冻融循环 25 次之后高强胶凝砂砾石试块水胶比对质量损失影响的试验结果。胶凝砂砾石试块固定水泥用量（50kg/m³、60kg/m³、70kg/m³）和砂率（0.2、0.3 和 0.4），改变水胶比，分别为 1.0 和 1.2。

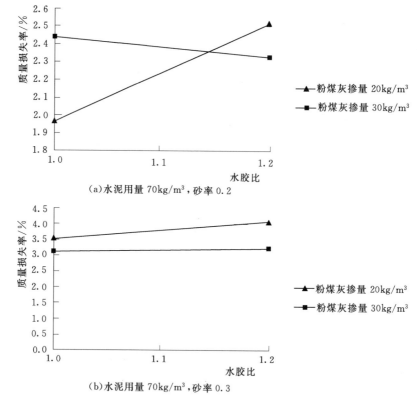

（a）水泥用量 70kg/m³，砂率 0.2

（b）水泥用量 70kg/m³，砂率 0.3

图 3.3-2（一）　高强胶凝砂砾石材料不同水胶比下的质量损失

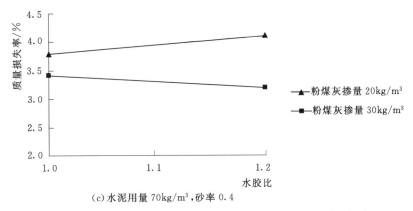

(c) 水泥用量 70kg/m³, 砂率 0.4

图 3.3 - 2 (二)　高强胶凝砂砾石材料不同水胶比下的质量损失

从图 3.3 - 1 和图 3.3 - 2 可以看出, 中强胶凝砂砾石试件在 25 次冻融循环后, 质量损失率都保持在 8% 之下。参考《水工混凝土试验规程》（SL 352—2006）要求, 当混凝土质量损失率控制在 5% 以下的合理范围内时, 说明混凝土可抵抗 25 次冻融循环。所考察的胶凝砂砾石材料砂率为 0.2 的试块质量损失基本在 5% 以内, 但其他砂率的试块质量损失率较高, 说明中强胶凝砂砾石材料虽然具有一定的抗冻性, 但抗冻性很差。高强胶凝砂砾石试件在 25 次冻融循环后, 质量损失率控制在 1.9%~4.1% 之间, 参考《水工混凝土试验规程》（SL 352—2006）要求, 高强胶凝砂砾石材料可抵抗 25 次冻融循环, 较中强胶凝砂砾石材料抗冻性好。

另外, 从图 3.3 - 1 和图 3.3 - 2 可知, 水胶比对质量损失具有一定的影响, 水胶比越小, 胶凝砂砾石材料质量损失越小, 抗冻性越好。

3.3.2　粉煤灰掺量对质量损失的影响

图 3.3 - 3 为采用超量取代法的不同粉煤灰掺量下不添加外加剂, 快速冻

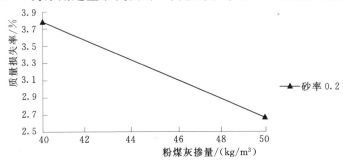

图 3.3 - 3　低强胶凝砂砾石材料不同粉煤灰掺量下的质量损失

（水泥用量 40kg/m³, 水胶比 1.0）

融循环 25 次之后低强胶凝砂砾石试块质量损失试验结果。图 3.3-4 为快速冻融循环 25 次之后中强胶凝砂砾石试块质量损失试验结果。图 3.3-5 为快速冻融循环 25 次之后高强胶凝砂砾石试块质量损失试验结果。

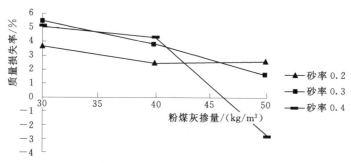

(a)水泥用量 50kg/m³,水胶比 1.0

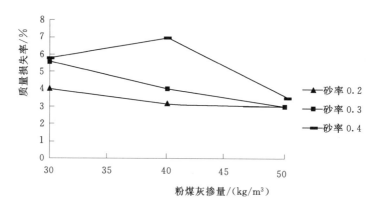

(b)水泥用量 50kg/m³,水胶比 1.2

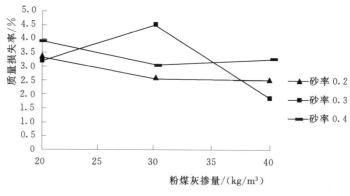

(c)水泥用量 60kg/m³,水胶比 1.0

图 3.3-4 (一) 中强胶凝砂砾石材料不同粉煤灰掺量下的质量损失

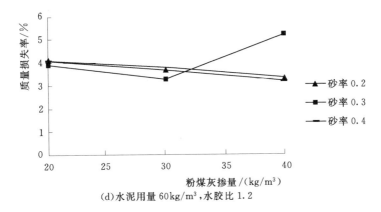

(d)水泥用量60kg/m³,水胶比1.2

图 3.3-4（二） 中强胶凝砂砾石材料不同粉煤灰掺量下的质量损失

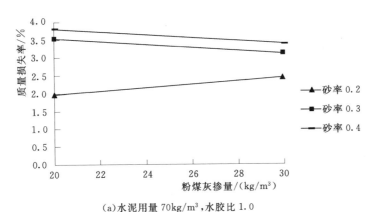

（a）水泥用量70kg/m³,水胶比1.0

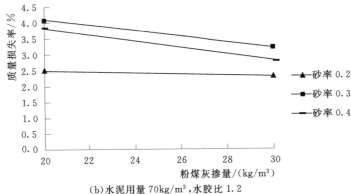

（b）水泥用量70kg/m³,水胶比1.2

图 3.3-5 高强胶凝砂砾石材料不同粉煤灰掺量下的质量损失

　　胶凝砂砾石试块固定水胶比（1.0 和 1.2）和砂率（0.2、0.3 和 0.4），改变粉煤灰掺量，其中每立方米胶凝砂砾石材料中使用 40kg 水泥时，粉煤灰掺量分别为 40kg、50kg；每立方米胶凝砂砾石材料中使用 50kg 水泥时，粉煤灰掺量分别为 30kg、40kg、50kg；每立方米胶凝砂砾石材料中使用 60kg 水泥时，粉煤灰掺量分别为 20kg、30kg、40kg；每立方米胶凝砂砾石材料中使用 70kg 水泥时，粉煤灰掺量分别为 20kg、30kg。

　　由图 3.3 - 3～图 3.3 - 5 可以看出：

　　（1）试件在 25 次冻融循环后，对于中强胶凝砂砾石材料，每立方米胶凝砂砾石材料中水泥用量为 50kg，水胶比为 1.0 时，质量损失率低于 6%；水胶比为 1.2 时，质量损失率低于 7%。每立方米胶凝砂砾石材料中水泥用量为 60kg，水胶比为 1.0 时，质量损失率低于 4.5%；水胶比为 1.2 时，质量损失率低于 5.2%。高强胶凝砂砾石材料水胶比为 1.0 时，质量损失率低于 4%；水胶比为 1.2 时，质量损失率低于 4.2%。可见，胶凝砂砾石材料强度越高，质量损失率越低，抗冻性越好。

　　总之在胶凝砂砾石材料中，水泥作为胶凝材料，起到主要的胶结作用，水泥用量的增加对胶凝砂砾石材料耐久性的增强作用显著，水泥用量是影响胶凝砂砾石材料抗冻性的主要因素之一。

　　（2）无论水胶比是 1.0 还是 1.2，在相同水胶比和砂率条件下，经冻融循环 25 次之后不同粉煤灰掺量胶凝砂砾石材料的水冻剥蚀有一定的差异，但总的规律是随着粉煤灰掺量的提高胶凝砂砾石试块质量损失率呈逐渐减少趋势。产生此现象的主要原因是粉煤灰颗粒的粒径较小，可以均匀分布在水泥颗粒之间，阻止水泥颗粒的相互黏聚，有利于水泥水化反应的进行，而且与水泥颗粒形成合理的微级配，减少填充水数量，提高胶凝材料的堆积密度，使结构更加均匀密实。

　　在常温下，粉煤灰的水化反应比水泥的水化反应慢，粉煤灰中的活性成分 SiO_2 和 Al_2O_3 与水泥水化反应的产物 $Ca(OH)_2$ 等碱性物质发生反应，生成水化硅、铝酸钙等凝胶状物质，继而与石膏反应生成水化硫铝酸钙。粉煤灰的水化反应抑制了碱集料反应，且主要在水泥浆孔隙中进行，降低了胶凝砂砾石材料内部的孔隙率，提高了密实度，改善了骨料与水泥浆的界面区。

　　（3）有些试件冻融后的质量会变大（即质量损失率为负），而且部分试件经 25 次冻融后边角材料脱落，严重影响平均质量损失率，所以平均质量损失率不能准确地评价胶凝砂砾石材料的耐久性。

3.3.3　砂率对质量损失的影响

　　图 3.3 - 6 为不同砂率影响下不添加外加剂，快速冻融循环 25 次之后中强

胶凝砂砾石试块质量损失试验结果。图 3.3-7 为不同砂率影响下不添加外加剂，快速冻融循环 25 次之后高强胶凝砂砾石试块质量损失试验结果。胶凝砂砾石试块固定水胶比（1.0 和 1.2）和粉煤灰掺量（每立方米胶凝砂砾石材料使用 50kg 水泥时，粉煤灰掺量分别为 30kg、40kg、50kg；每立方米胶凝砂砾石

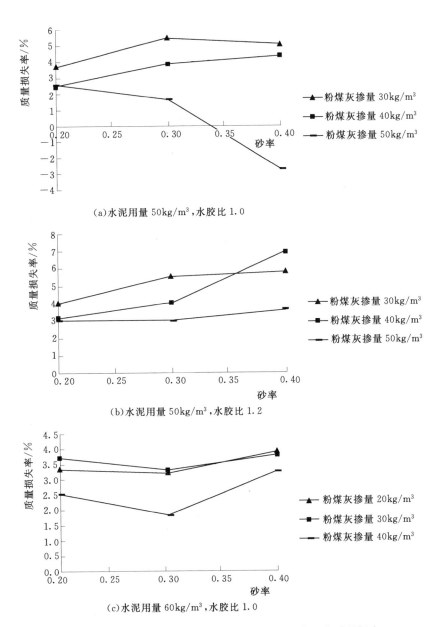

(a)水泥用量 50kg/m³，水胶比 1.0

(b)水泥用量 50kg/m³，水胶比 1.2

(c)水泥用量 60kg/m³，水胶比 1.0

图 3.3-6（一） 中强胶凝砂砾石材料不同砂率下的质量损失

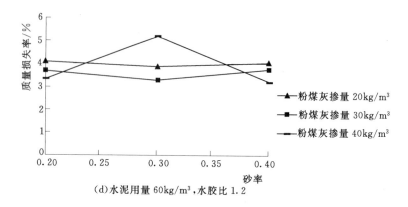

（d）水泥用量 60kg/m³，水胶比 1.2

图 3.3-6（二） 中强胶凝砂砾石材料不同砂率下的质量损失

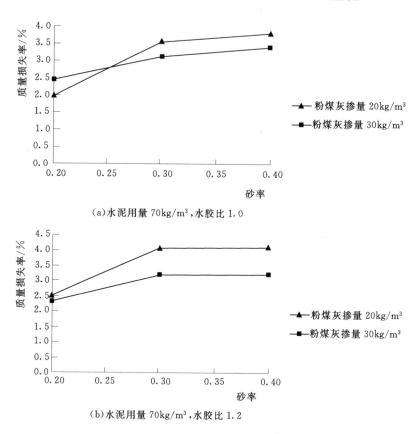

（a）水泥用量 70kg/m³，水胶比 1.0

（b）水泥用量 70kg/m³，水胶比 1.2

图 3.3-7 高强胶凝砂砾石材料不同砂率下的质量损失

材料使用 60kg 水泥时，粉煤灰掺量分别为 20kg、30kg、40kg；每立方米胶凝砂砾石材料使用 70kg 水泥时，粉煤灰掺量分别为 20kg、30kg），改变砂率，分别为 0.2、0.3 和 0.4。

由图 3.3-6 和图 3.3-7 可知：

（1）试件在 25 次冻融循环后，在中强胶凝砂砾石材料中，每立方米胶凝砂砾石材料中水泥用量为 50kg，水胶比为 1.0 时，质量损失率低于 6%；水胶比为 1.2 时，质量损失率低于 7%。每立方米胶凝砂砾石材料中水泥用量为 60kg，水胶比为 1.0 时，质量损失率低于 4.5%；水胶比为 1.2 时，质量损失率低于 5.2%。高强胶凝砂砾石材料水胶比为 1.0 时，质量损失率低于 4%；水胶比为 1.2 时，质量损失率低于 4.2%。可见，胶凝砂砾石材料强度越高，质量损失率越低，抗冻性越好。

（2）随着砂率升高，不管是高强还是中强胶凝砂砾石材料质量损失率均呈递增趋势。

（3）粉煤灰掺量 50kg/m³，砂率 0.4 的对照组的质量损失率为 −2% 左右，明显不同于其他对照组，且呈现与其他对照组不同的趋势，平均质量损失率为负值，说明试块在冻融后的质量 G_n 大于冻融前的质量 G_0，究其原因该组试块冻融后进行质量测量时试块表面所结的冰尚未融化完全，如图 3.3-8 所示，可见测量时间也是导致试验结果产生偏差的误差源之一，为探究此规律，在试验的同时进行了几组补充抽样试验。从冻融机取出试块后 5min、20min、40min 作为 3 个时间点，测出试块质量的变化情况。随机抽查的几组试块质量随测量时间的变化结果见表 3.3-1 和图 3.3-9。

图 3.3-8　试块尚未融化完全

表 3.3-1	冻融循环 25 次后质量随测量时间的变化		单位：kg
编　号	测　量　时　间		
	5min	20min	40min
A5	8600	8351	8250
A17	9150	8764	8650
A29	9000	8950	8900

续表

编　　号	测　量　时　间		
	5min	20min	40min
Z1	8800	8600	8525
Z4	8800	8750	8700
Z6	8850	8500	8450

注　编号和配合比设计中相同，代表相同的配合比。

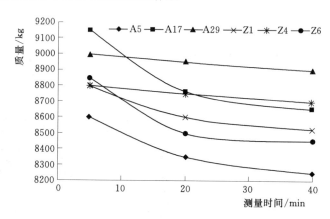

图 3.3-9　冻融循环 25 次后质量随测量时间的变化

由图 3.3-9 可以看出，从快速冻融试验机中取出的试块，部分试块表层尚未融化，在室温下冰融化质量损失增加，质量随测量时间增加而变小。

在快速冻融试验结束后，分批从试验机中取出要测量的试块，待表层融化擦干水分后立即进行质量和动弹性模量的测定，部分质量异常的试件为减少测量误差可增加测量次数。

3.3.4　外加剂对质量损失的影响

参考混凝土抗冻性能改善方法，在胶凝砂砾石材料中添加减水剂和引气剂，并考察其对胶凝砂砾石材料抗冻性的影响，掺量也参考水工混凝土试验规程，并结合厂家试验测定确定，其中减水剂掺量为水泥用量的 1%，引气剂掺量为水泥用量的 0.08%。外加剂与质量损失率的关系如图 3.3-10 所示。

从图 3.3-10 可以看出，对于中强和高强胶凝砂砾石材料，无任何外加剂和硅粉的试块质量损失率最大，减水剂和硅粉作用下的试块质量损失率次之，而引气剂的加入则大大减少了试块质量损失率。

可见引气剂能显著提高胶凝砂砾石材料中的含气量，引气剂引入的气泡越

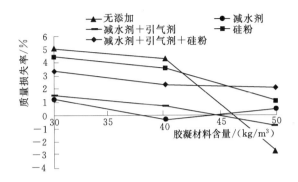

(a)水泥用量 50kg/m³,水胶比 1.0,砂率 0.4

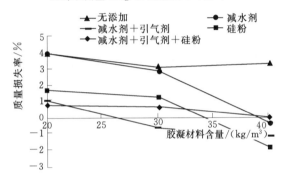

(b)水泥用量 60kg/m³,水胶比 1.0,砂率 0.4

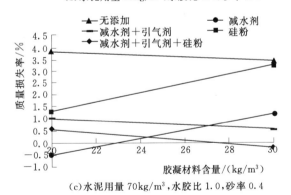

(c)水泥用量 70kg/m³,水胶比 1.0,砂率 0.4

图 3.3-10 外加剂与质量损失率的关系

多,平均气泡间距就越小,胶凝砂砾石材料的抗冻性就越好。

减水剂对胶凝砂砾石材料抗冻性也有一定影响,水泥加水拌和后,由于水泥颗粒分子引力的作用,使水泥浆形成絮凝结构,使10%～30%的拌和水被包裹在水泥颗粒之中,当加入减水剂后,由于减水剂分子能定向吸附于水泥颗粒表面,使水泥颗粒表面带有同一种电荷(通常为负电荷),形成静电排斥作用，促使水泥颗粒相互分散，絮凝结构破坏，释放出被包裹部分的水，参与流动，对水泥的水化有所控制，改变水泥浆体水化产物的微观结构，改善材料的微观结构，包括水化后的结构、形貌、内部孔隙结构和分布，进而对材料的抗冻性产生影响。由于胶凝砂砾石材料水泥用量普遍较少，减水剂影响较小。

3.4 相对动弹性模量变化规律

3.4.1 水胶比对相对动弹性模量的影响

图 3.4-1 为快速冻融循环 25 次之后中强胶凝砂砾石试块水胶比对相对动弹性模量影响的试验结果。图 3.4-2 为快速冻融循环 25 次之后高强胶凝砂砾石试块水胶比对相对动弹性模量影响的试验结果。胶凝砂砾石试块固定水泥用量（50kg/m³、60kg/m³、70kg/m³）和砂率（0.2、0.3 和 0.4），改变水胶比，分别为 1.0 和 1.2。

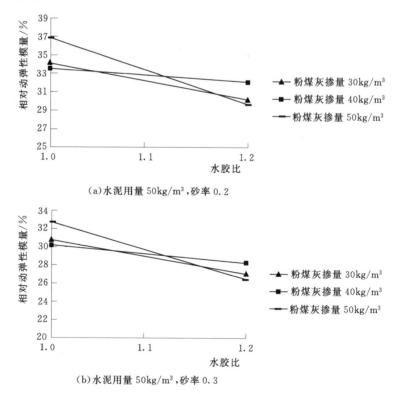

(a)水泥用量 50kg/m³，砂率 0.2

(b)水泥用量 50kg/m³，砂率 0.3

图 3.4-1（一） 中强胶凝砂砾石材料不同水胶比下的相对动弹性模量

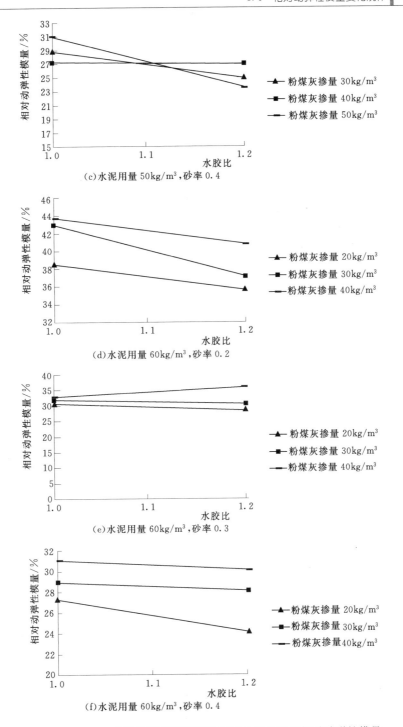

图 3.4-1（二） 中强胶凝砂砾石材料不同水胶比下的相对动弹性模量

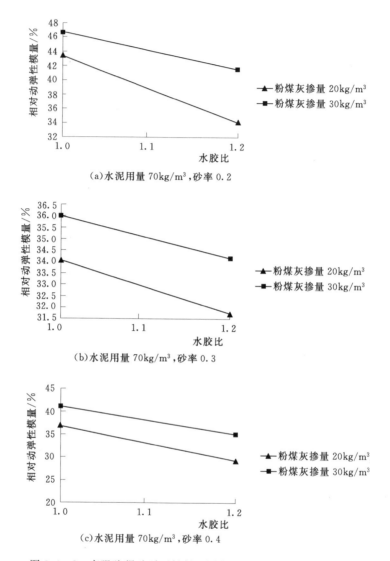

图 3.4-2 高强胶凝砂砾石材料不同水胶比下的相对动弹性模量

从图 3.4-1 和图 3.4-2 中可以看出，未添加外加剂的中强胶凝砂砾石材料相对动弹性模量基本处于 20%～45% 之间。高强胶凝砂砾石材料相对动弹模处于 29%～47% 之间，参考《水工混凝土试验规程》（SL 352—2006）要求，混凝土相对动弹性模量控制在 60% 以上的合理范围内，说明该材料无法抵抗 25 次冻融循环，抗冻性较差。

另从图 3.4-1 和图 3.4-2 可知，胶凝砂砾石材料水胶比对弹性模量影响较大，水胶比越小，胶凝砂砾石材料相对动弹性模量越大，抗冻性越好。

3.4.2　粉煤灰对相对动弹性模量的影响

图 3.4-3～图 3.4-5 为采用超量取代法的不同粉煤灰掺量不添加外加剂，快速冻融循环 25 次之后低强、中强和高强胶凝砂砾石试块相对动弹性模量试验结果。

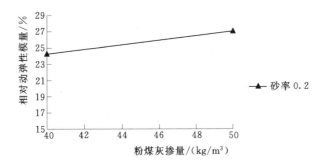

图 3.4-3　低强胶凝砂砾石材料不同粉煤灰掺量下
的相对动弹性模量
（水泥用量 40kg/m³，水胶比 1.0）

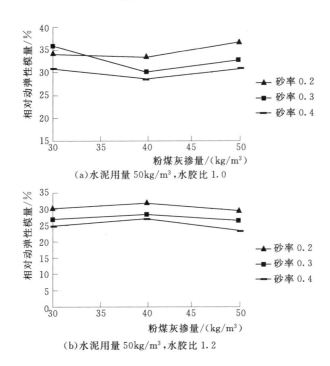

（a）水泥用量 50kg/m³，水胶比 1.0

（b）水泥用量 50kg/m³，水胶比 1.2

图 3.4-4（一）　中强胶凝砂砾石材料不同粉煤灰掺量下的相对动弹性模量

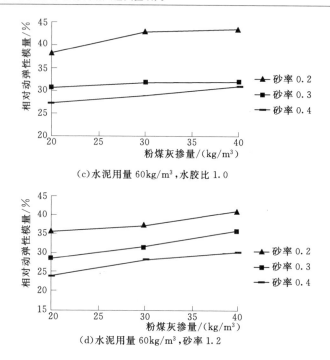

（c）水泥用量60kg/m³，水胶比1.0

（d）水泥用量60kg/m³，砂率1.2

图3.4-4（二） 中强胶凝砂砾石材料不同粉煤灰掺量下的相对动弹性模量

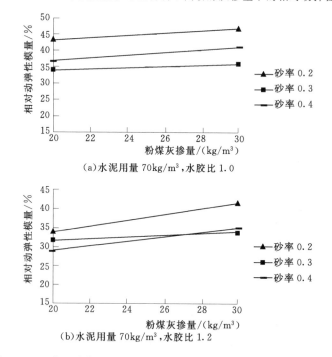

（a）水泥用量70kg/m³，水胶比1.0

（b）水泥用量70kg/m³，水胶比1.2

图3.4-5 高强胶凝砂砾石材料不同粉煤灰掺量下的相对动弹性模量

胶凝砂砾石试块固定水胶比（1.0和1.2）和砂率（0.2、0.3和0.4），改变粉煤灰掺量，其中每立方米胶凝砂砾石材料使用40kg水泥时，粉煤灰掺量分别为40kg、50kg；每立方米胶凝砂砾石材料使用50kg水泥时，粉煤灰掺量分别为30kg、40kg、50kg；每立方米胶凝砂砾石材料使用60kg水泥时，粉煤灰掺量分别为20kg、30kg、40kg；每立方米胶凝砂砾石材料使用70kg水泥时，粉煤灰掺量分别为20kg、30kg。

由图3.4-3~图3.4-5可以看出：

（1）试件在25次冻融循环后，低强胶凝砂砾石材料水胶比为1.0时，相对动弹模量介于24%~27%。中强胶凝砂砾石材料中，每立方米胶凝砂砾石材料中水泥用量为50kg，水胶比为1.0时，相对动弹模量介于23%~37%，水胶比为1.2时，相对动弹模量介于27%~40%；每立方米胶凝砂砾石材料中水泥用量为60kg，水胶比为1.0时，相对动弹模量介于27%~45%，水胶比为1.2时，相对动弹模量介于23%~31%。高强胶凝砂砾石材料水胶比为1.0时，相对动弹模量介于34%~47%；水胶比为1.2时，相对动弹模量介于29%~41%，可见高强胶凝砂砾石材料相对动弹性模量相对较大，中强胶凝砂砾石材料相对动弹性模量相对中等，低强胶凝砂砾石材料相对动弹性模量相对较低。

同时还可以看出，在胶凝砂砾石材料当中，水泥作为胶凝材料，起到主要的胶结作用，水泥用量的增加对胶凝砂砾石材料耐久性的增强作用显著，水泥用量是影响胶凝砂砾石材料抗冻性的主要因素之一。

（2）无论水胶比是1.0还是1.2，在相同水胶比和砂率条件下，经冻融循环25次之后不同粉煤灰掺量胶凝砂砾石材料的水冻剥蚀有一定的差异，但总的规律是随着粉煤灰掺量的提高胶凝砂砾石试块相对动弹模量呈逐渐增长趋势，说明粉煤灰掺量的增加可以提高胶凝砂砾石试块抗冻性。产生此现象的主要原因是胶凝材料总量增加，水化产物总量增加，骨料间黏结力增大，使结构更加均匀密实。

3.4.3 砂率对相对动弹性模量的影响

图3.4-6和图3.4-7为不同砂率下快速冻融循环25次之后中强和高强胶凝砂砾石试块相对动弹性模量试验结果。胶凝砂砾石试块固定水胶比（1.0和1.2）和粉煤灰掺量（每立方米胶凝砂砾石材料使用50kg水泥时，粉煤灰掺量分别为30kg、40kg、50kg；每立方米胶凝砂砾石材料使用60kg水泥时，粉煤灰掺量分别为20kg、30kg、40kg；每立方米胶凝砂砾石材料使用70kg水泥时，粉煤灰掺量分别为20kg、30kg），改变砂率，分别为0.2、0.3和0.4。

由图3.4-6可以看出，随着砂率的增大，中强胶凝砂砾石材料相对动弹性模量呈减小趋势，同样高强胶凝砂砾石材料相对动弹性模量也随着砂率的增大呈递减趋势（图 3.4-7），说明砂率越大，胶凝砂砾石材料的抗冻性越差。

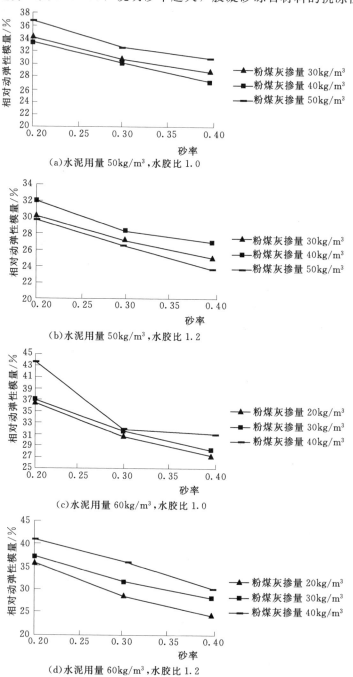

（a）水泥用量 50kg/m³，水胶比 1.0

（b）水泥用量 50kg/m³，水胶比 1.2

（c）水泥用量 60kg/m³，水胶比 1.0

（d）水泥用量 60kg/m³，水胶比 1.2

图 3.4-6 中强胶凝砂砾石材料不同砂率下的相对动弹性模量

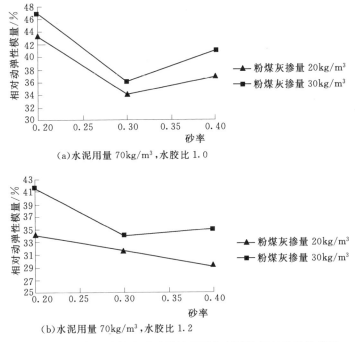

(a)水泥用量 70kg/m³,水胶比 1.0

(b)水泥用量 70kg/m³,水胶比 1.2

图 3.4-7 高强胶凝砂砾石材料不同砂率下的相对动弹性模量

3.4.4 外加剂对相对动弹性模量的影响

参考混凝土抗冻性能改善方法,在胶凝砂砾石材料中添加减水剂和引气剂,并考察其对胶凝砂砾石材料抗冻性的影响。从前面的研究结果可知,砂率越大其抗冻性越差,故为对比外加剂效果,以砂率 0.4,固定水泥用量和水胶比来进行分析。外加剂掺量参考《普通混凝土配合比设计规程》(JGJ 55—2011)并结合厂家试验测定确定,其中减水剂掺量为水泥用量的 1%,引气剂掺量为水泥用量的 0.08%。中强和高强胶凝砂砾石材料外加剂与相对动弹性模量的关系如图 3.4-8 和图 3.4-9 所示。

从图 3.4-8 和图 3.4-9 中可以看出,对于中强和高强胶凝砂砾石材料,无任何外加剂和硅粉的试块相对动弹性模量最小,中强胶凝砂砾石材料冻后相对动弹性模量为 25%~35%,高强胶凝砂砾石材料冻后相对动弹性模量为 35%~39%。减水剂和硅粉作用下的试块相对动弹性模量与无添加剂时相当,中强胶凝砂砾石材料冻后相对动弹性模量为 15%~45%,高强胶凝砂砾石材料冻后相对动弹性模量为 30%~40%。而引气剂的加入则大大增加了试块相对动弹性模量,中强胶凝砂砾石材料冻后相对动弹性模量为 35%~80%,高强胶凝砂砾石材料冻后相对动弹性模量为 60%~85%。说明减水剂和硅粉对

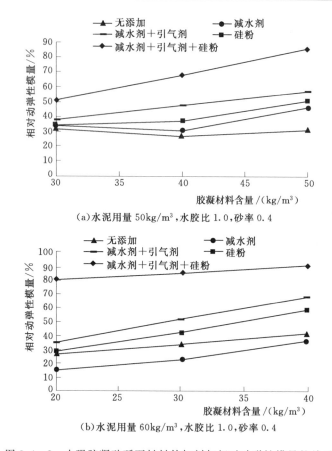

（a）水泥用量 50kg/m³,水胶比 1.0,砂率 0.4

（b）水泥用量 60kg/m³,水胶比 1.0,砂率 0.4

图 3.4-8 中强胶凝砂砾石材料外加剂与相对动弹性模量的关系

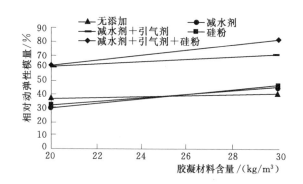

图 3.4-9 高强胶凝砂砾石材料外加剂与相对动弹性模量的关系

（水泥含量 70kg/m³,水胶比 1.0,砂率 0.4）

胶凝砂砾石材料抗冻性提高的效果不佳,引气剂则可大大提高其抗冻性。

引气剂能显著提高胶凝砂砾石材料中的含气量,引气剂引入的气泡越多,平均气泡间距就越小，胶凝砂砾石材料的抗冻性就越好。从图 3.4-9 中可以看出，高强胶凝砂砾石材料冻后相对动弹性模量已达到《水工混凝土试验规程》（SL 352—2006）对于混凝土相对动弹性模量控制的要求，说明其可抵抗 25 次冻融循环。

3.5 本章小结

本章主要介绍了水胶比、砂率、粉煤灰掺量、外加剂等因素对胶凝砂砾石材料抗冻性能指标（质量损失率、相对动弹性模量）的影响，并通过指标的变化情况进行劣化指标选择，得出的主要结论有以下几个方面。

（1）胶凝砂砾石材料在试验室快速冻融循环下外观发生明显变化，破损随着冻融次数的增加而加剧。

（2）水胶比对胶凝砂砾石材料的抗冻性影响作用显著，中强、高强胶凝砂砾石材料水胶比越小，胶凝砂砾石材料相对动弹性模量越大，质量损失率越小，抗冻性越好。

（3）随着粉煤灰掺量的提高，胶凝砂砾石材料的相对动弹性模量增加，质量损失率减小，说明粉煤灰掺量越高，胶凝砂砾石材料抗冻性越好。

（4）随着砂率的增大，中强、高强胶凝砂砾石材料的相对动弹性模量减小，质量损失率增大，说明砂率越大，胶凝砂砾石材料抗冻性越不好。

（5）引气剂能显著提高胶凝砂砾石材料的抗冻性，引入的气泡越多，胶凝砂砾石材料的抗冻性就越好。

第 4 章

胶凝砂砾石坝剖面形式研究

胶凝砂砾石材料是在砂砾料中掺入了少量的胶凝材料，其物理力学性质随胶凝材料含量的改变而改变。当胶凝材料含量较高时，其特性与混凝土相近；当胶凝材料含量较低时，仅仅是增加了砂砾料间的胶结作用，而不像常态混凝土那样胶凝浆体对骨料进行了充分的包裹，其物理力学性质介于砂砾料与混凝土之间。胶凝砂砾石坝体剖面形式介于重力坝与土石坝之间。著者将根据重力坝和土石坝的剖面设计理论对胶凝砂砾石坝体剖面形式进行研究。

重力坝由于受水荷载、扬压力和自重的作用，坝体的基本剖面形式为三角形，控制剖面尺寸的主要指标是整体稳定要求和坝体及地基的强度要求。根据重力坝设计规范，重力坝剖面设计应满足坝体沿坝基面的整体抗滑稳定要求，一般采用抗剪断公式进行分析。重力坝的强度校核在坝体断面已初步拟定的情况下进行，坝体的最大和最小主应力一般都出现在上、下游边缘，所以重力坝应力控制主要是坝体边缘正应力和主应力满足强度要求。根据工程经验，重力坝基本剖面的上游坡比一般采用 $1:0 \sim 1:0.2$，下游的坡比采用 $1:0.6 \sim 1:0.8$。

土石坝是由散粒土石料填筑而成的，颗粒间孔隙大、凝聚力小，整体抗剪强度相对较低。由于坝坡自身稳定要求，坝坡较缓、体型较大，一般都满足整体稳定要求，边坡稳定分析和满足渗透稳定要求是确定土石坝设计剖面的主要依据。

胶凝砂砾石材料的特性介于混凝土与土石之间，其坝型也应介于重力坝和土石坝之间，所以胶凝砂砾石坝剖面设计控制标准既要满足重力坝的整体稳定要求和边缘应力要求，又要同时满足土石坝的边坡稳定要求。

4.1 按土石坝设计理论分析

胶凝砂砾石材料尽管在砂砾料中掺入了胶凝材料，但当胶凝材料用量较少，骨料不能完全包裹时，其材料抗剪强度较低，则可能出现类似土石坝的边坡失稳破坏。因此，胶凝砂砾石坝体剖面设计其上下游边坡首先应满足自身稳定。

4.1.1 稳定分析的极限平衡法

目前，对于土石坝边坡的稳定性分析，几乎毫无例外地都采用近似的方法——极限平衡分析法。极限平衡分析法的特点是：不关心结构加载破坏的过程，直接分析结构达到极限状态的应力或变形状态。有人曾将边坡稳定分析理论体系总结为（也就是最大最小值原理）：①滑坡体如能沿许多滑裂面滑动，则失稳时，它将沿抵抗力最小的一个滑裂面破坏（最小值原理）；②滑坡体的滑裂面确定时，则滑裂面上的反力（以及滑坡体的内力）能自行调整，以发挥最大的抗滑能力（最大值原理）。

根据最大最小值原理，稳定分析应包含两个步骤：①对滑坡体某一滑裂面按最大值原理的思想，确定其抗滑稳定安全系数；②在所有可能的滑裂面中，重复上述步骤，找出相应于最小安全系数的临界滑裂面。

4.1.2 胶凝砂砾石坝的稳定坡比

对于胶凝砂砾石坝，首先应满足自身边坡稳定要求，著者以推求稳定坡角为出发点进行研究。根据极限平衡分析法，利用有限元软件，采用穷举法确定最危险滑弧的位置和满足自身边坡稳定要求的坡角。

坝体边坡稳定与筑坝材料的抗剪强度指标和坝体高度有关，而胶凝材料的抗剪强度指标又与胶凝材料的含量有关。结合三轴试验中立方体抗压强度与凝聚力和内摩擦角的关系曲线，推求出不同抗压强度对应的凝聚力和内摩擦角，见表 4.1-1，设定胶凝砂砾石坝高度为 60m，对不同胶凝材料含量的坝体，取非常运用条件 I 时的最小稳定安全系数的控制值为 1.50（级别为 1 级的土石坝，非常运用条件 I 时的稳定安全系数为 1.30，胶凝砂砾石坝作为一种新坝型，且边坡失稳与土石坝不尽相同，此处 1.50 的安全系数仅为暂定值），用程序计算相应的坝体稳定坡比，结果见表 4.1-1。

表 4.1-1 不同胶凝砂砾石材料抗压强度对应的坝体稳定坡比

立方体 28d 抗压强度 /MPa	凝聚力 /kPa	内摩擦角 /(°)	稳定坡比
0.0	0	35.0	1:2.35
1.0	82	39.8	1:1.57
2.0	174	43.4	1:0.98
3.0	271	46.0	1:0.62
4.0	320	47.0	1:0.41
5.0	471	49.1	1:0.25
6.0	574	49.9	1:0.09

4.1.3 剖面设计原则

通过对表 4.1-1 进行分析,胶凝砂砾石坝剖面可采用以下"三段法"进行划分。

(1) 当胶凝砂砾石材料抗压强度为 6MPa 时,满足坝体自身稳定的临界边坡比为 1:0.09,基本接近于一般混凝土重力坝的上游坡比。当胶凝砂砾石材料抗压强度超过 6MPa 时,基本不存在坝坡自身稳定问题,控制坝体剖面的是坝体整体稳定和应力状况,此时坝体剖面属于重力坝断面,应按重力坝设计理论设计。

(2) 当胶凝砂砾石材料抗压强度为 3MPa 时,满足坝体自身稳定的坡比为 1:0.62,基本接近于一般混凝土重力坝的下游坡比,为满足其坝体自身稳定,坝体剖面呈上、下游基本对称的梯形断面。当胶凝砂砾石材料抗压强度低于 3MPa 时,其稳定坝坡缓于 1:0.62,坝体剖面比混凝土重力坝肥大得多,基本不存在整体稳定问题,控制坝体剖面的是坝坡的自身稳定和坝体局部抗剪强度,此时坝体剖面属于土石坝断面,应按土石坝设计理论设计。

(3) 当胶凝砂砾石材料抗压强度介于 3~6MPa 之间时,满足坝体自身稳定的坡比为 1:0.09~1:0.62,坝体剖面既有混凝土重力坝的特征又有土石坝的特征,此时坝体剖面设计既要考虑坝体整体稳定和坝体应力状况,又要考虑坝坡的自身稳定和坝体局部抗剪强度。

4.2 按重力坝设计理论分析

重力坝坝体剖面的基本形式是三角形,坝体剖面尺寸主要受坝体整体稳定和地基承载力这些指标来控制。根据重力坝设计规范要求,验算坝体整体稳定时采用抗剪断公式,坝体应力分析采用材料力学法,具体采用的公式和控制指标见 4.2.1 节。

4.2.1 重力坝剖面设计控制标准

4.2.1.1 稳定要求

根据重力坝设计规范要求,重力坝剖面设计应满足坝体整体稳定要求。当坝基不存在软弱结构面时,一般采用抗剪断公式进行分析,具体公式为

$$K_s = \frac{f'(\sum W - U) + c'A}{\sum P} \qquad (4.2-1)$$

式中:f' 为抗剪断摩擦系数;c' 为抗剪断凝聚力;$\sum W$ 为接触面以上的总铅直力,kN;U 为作用在接触面上的扬压力,kN;A 为接触面面积,m²;$\sum P$ 为

接触面以上的总水平力，kN。

荷载基本组合要求 K_s 不小于 3.0，特殊组合时，校核洪水组合要求 K_s 不小于 2.5，地震组合要求 K_s 不小于 2.3。

4.2.1.2 应力要求

重力坝应力主要是控制坝体边缘应力，其计算方法根据规范要求采用材料力学法，具体公式如下。

（1）坝基面铅直正应力计算公式为

$$\sigma_{yu} = \frac{\sum W}{B} + \frac{6\sum M}{B^2} \qquad (4.2-2)$$

$$\sigma_{yd} = \frac{\sum W}{B} - \frac{6\sum M}{B^2} \qquad (4.2-3)$$

式中：B 为计算截面的宽度，m；$\sum W$ 为作用于计算截面以上全部荷载的铅直分力的总和，kN；$\sum M$ 为作用于计算截面以上全部荷载对截面垂直水流流向形心轴的力矩总和，kN·m。

（2）坝体主应力计算公式为

$$\sigma_{1u} = (1+n^2)\sigma_{yu} - p_u n^2 \qquad (4.2-4)$$

$$\sigma_{1d} = (1+m^2)\sigma_{yd} - p_d m^2 \qquad (4.2-5)$$

$$\sigma_{2u} = p_u \qquad (4.2-6)$$

$$\sigma_{2d} = p_d \qquad (4.2-7)$$

式中：σ_{yu} 为上游边缘应力，kPa；σ_{yd} 为下游边缘应力，kPa；σ_{1u} 为上游第一主应力，kPa；σ_{2u} 为上游第二主应力，kPa；σ_{1d} 为下游第一主应力，kPa；σ_{2d} 为下游第二主应力，kPa；p_u 为上游面水压力强度，kPa；p_d 为下游面水压力强度，kPa；n 为上游面坡率；m 为下游面坡率。

4.2.1.3 强度控制指标

采用材料力学法分析坝体应力时，强度控制指标根据重力坝规范确定，具体要求如下。

（1）坝基面的正应力。

1）运用期。坝基面的最大铅直正应力 σ_{yd} 应小于坝基容许压应力，最小铅直正应力 σ_{yu} 应大于零。

2）施工期。下游坝面允许有不大于 0.1MPa 的拉应力。

（2）坝体应力。

1）运用期。坝体上游面的最小主应力，在作用力中计入扬压力时，要求 $\sigma_{1u} \geqslant 0$，即 σ_{1u} 为压应力。坝体下游面的最大主应力，不得大于材料（混凝土）的容许压应力。胶凝砂砾石材料的容许压应力取极限抗压强度除以 4.0 的安全系数。

2) 施工期。坝内主应力不得大于材料（混凝土）的容许压应力，在坝的下游面可以有不大于 0.2MPa 的主拉应力。上游面的最大主压应力，不得大于胶凝材料的容许压应力。

4.2.2 坝体剖面形式研究

为了分析问题方便，并保证对计算结果影响不大的前提下，在研究坝体剖面形式时，做了以下简化。

（1）计算中，坝顶宽统一取坝高的 1/10。

（2）以上游坝踵处恰好不出现拉应力，即 $\sigma_{1u}=0$；坝体稳定安全系数取临界值，即 $K_s=2.5$ 作为控制标准，推导满足临界值的坝体的最小剖面和坝体材料的强度指标。

根据《混凝土重力坝设计规范》（SL 319—2005）规定，坝体混凝土与坝基接触面之间的抗剪断摩擦系数 f'、c' 和抗剪摩擦系数 f 的取值，规划阶段可参考表 4.2-1 选择。

表 4.2-1　　　　　　　　　　坝基岩体力学参数

岩体分类	混凝土与坝基接触面			岩体		变形模量 E_0/GPa
	f'	c'/MPa	f	f'	c'/MPa	
I	1.50～1.30	1.50～1.30	0.85～0.75	1.60～1.40	2.50～2.00	40.0～20.0
II	1.30～1.10	1.30～1.10	0.75～0.65	1.40～1.20	2.00～1.50	20.0～10.0
III	1.10～0.90	1.10～0.70	0.65～0.55	1.20～0.80	1.50～0.70	10.0～5.0
IV	0.90～0.70	0.70～0.30	0.55～0.40	0.80～0.55	0.70～0.30	5.0～2.0
V	0.70～0.40	0.30～0.05	—	0.55～0.40	0.30～0.05	2.0～0.2

4.2.2.1 边坡因素

（1）在坝高为 60m 时，控制 σ_{1u} 或 K_s 恰好为临界值，以上游为直坡时推导出抗剪强度指标 $f'=0.88$、$c'=508\text{kPa}$，此时坝体剖面形式和强度指标变化见表 4.2-2。

表 4.2-2　　　以非对称形式确定强度指标下坝体剖面形式变化规律

上游坡比	下游坡比	上、下游坡比和	σ_{1u}/MPa	K_s	σ_{1d}/MPa
1:0	1:0.675	0.675	0	2.5	1.46
1:0.1	1:0.61	0.71	0	2.69	1.47
1:0.2	1:0.555	0.755	0	2.91	1.47
1:0.3	1:0.505	0.805	0	3.15	1.48
1:0.4	1:0.465	0.865	0	3.41	1.47
1:0.445	1:0.445	0.890	0	3.53	1.47

通过对表 4.2-2 中数据的分析可知，在坝高一定，保持以非对称的剖面形式得到的抗剪强度参数不变时，以上游坝踵处不出现拉应力为控制条件，通过将上游边坡变缓，或者下游边坡变陡都可得到满足其要求的坝体剖面；随着坝体体积的增大，稳定安全系数随之增大，在满足规范要求的稳定安全系数前提下，体积最小最经济的坝体断面为上游是直坡的断面。

（2）在坝高为 60m 时，控制 σ_{1u} 或 K_s 恰好为临界值，以对称形式推导出抗剪强度指标 $f'=0.72$、$c'=300\mathrm{kPa}$，此时坝体剖面形式和强度指标变化见表 4.2-3。

表 4.2-3   以对称形式确定强度指标下坝体剖面形式变化规律

上游坡比	下游坡比	上、下游坡比和	σ_{1u}/MPa	K_s	σ_{1d}/MPa
1∶0.445	1∶0.445	0.890	0	2.5	1.47
1∶0.4	1∶0.51	0.91	0.09	2.5	1.41
1∶0.3	1∶0.645	0.945	0.23	2.5	1.29
1∶0.2	1∶0.78	0.98	0.34	2.5	1.19
1∶0.1	1∶0.915	1.015	0.42	2.5	1.08
1∶0	1∶1.05	1.05	0.49	2.5	0.96

通过对表 4.2-3 中数据的分析可知，在坝高一定，保持以对称的剖面形式得到的抗剪强度参数不变时，以稳定安全系数满足规范要求为控制条件，通过上游边坡变陡，或下游边坡变缓都可得到满足其要求的坝体剖面；随着坝体体积的增大，坝踵处压应力随之增大，在满足规范要求的坝踵处拉应力要求前提下，体积最小最经济的坝体断面为对称剖面。

4.2.2.2 强度指标因素

选定不同坝高，通过控制上游坝踵处 $\sigma_{1u}=0$，以及稳定安全系数 $K_s=2.5$，反推导出在坝体剖面形式变化时最优的强度指标 f'、c'。

（1）坝高 30m。坝高 30m 的强度指标计算见表 4.2-4。

表 4.2-4   坝高 30m 的强度指标计算表

f'	c'/MPa	上游坡比	下游坡比	上、下游坡比和	σ_{1u}/MPa	K_s	σ_{1d}/MPa
0.71	0.30	1∶0	1∶0.675	0.675	0	2.52	0.73
0.70	0.31	1∶0	1∶0.675	0.675	0	2.56	0.73
0.70	0.30	1∶0	1∶0.675	0.675	0	2.5	0.73
0.63	0.286	1∶0.1	1∶0.61	0.71	0	2.5	0.74
0.60	0.26	1∶0.2	1∶0.56	0.76	0	2.5	0.73

续表

f'	c'/MPa	上游坡比	下游坡比	上、下游坡比和	σ_{1u}/MPa	K_s	σ_{1d}/MPa
0.57	0.238	1 : 0.3	1 : 0.51	0.81	0	2.5	0.73
0.54	0.22	1 : 0.4	1 : 0.46	0.86	0	2.5	0.74
0.51	0.215	1 : 0.445	1 : 0.445	0.89	0	2.5	0.74
0.44	0.2	1 : 0.5	1 : 0.5	1.0	0.07	2.5	0.69
0.38	0.192	1 : 0.55	1 : 0.55	1.10	0.12	2.5	0.67
0.35	0.178	1 : 0.6	1 : 0.6	1.2	0.16	2.5	0.65
0.32	0.167	1 : 0.65	1 : 0.65	1.30	0.20	2.5	0.65
0.30	0.156	1 : 0.7	1 : 0.7	1.4	0.24	2.5	0.65

通过对表 4.2-4 中数据的分析可知：

1）当坝体材料的抗剪强度指标 $f' \geqslant 0.70$、$c' \geqslant 0.30$MPa 时，坝体无论建成对称剖面还是非对称剖面，此时稳定安全系数 $K_s \geqslant 2.5$，即稳定均满足规范要求，若推求坝体最经济剖面，则需控制应力，保证上游坝踵处不出现拉应力。

2）当坝体的抗剪强度指标 f' 在 $0.70 \sim 0.51$ 之间、c' 在 $0.30 \sim 0.215$MPa 之间时，若推求坝体最经济剖面，则稳定和应力均需要控制，即稳定安全系数 $K_s \geqslant 2.5$，坝踵处主应力 $\sigma_{1u} \geqslant 0$。

3）当坝体的抗剪强度指标 $f' \leqslant 0.51$、$c' \leqslant 0.215$MPa 时，若推求坝体最经济剖面，则需控制稳定安全系数 $K_s \geqslant 2.5$，此时上游坝踵处均不会出现拉应力。

（2）坝高 60m。坝高 60m 的强度指标计算见表 4.2-5。

表 4.2-5　　　　　　坝高 60m 的强度指标计算表

f'	c'/MPa	上游坡比	下游坡比	上、下游坡比和	σ_{1u}/MPa	K_s	σ_{1d}/MPa
0.88	0.51	1 : 0	1 : 0.675	0.675	0	2.51	1.46
0.89	0.508	1 : 0	1 : 0.675	0.675	0	2.51	1.46
0.88	0.508	1 : 0	1 : 0.675	0.675	0	2.5	1.46
0.86	0.45	1 : 0.1	1 : 0.61	0.71	0	2.5	1.47
0.82	0.4	1 : 0.2	1 : 0.555	0.755	0	2.5	1.47
0.78	0.355	1 : 0.3	1 : 0.505	0.805	0	2.5	1.48
0.74	0.315	1 : 0.4	1 : 0.465	0.865	0	2.5	1.47
0.72	0.3	1 : 0.445	1 : 0.445	0.890	0	2.5	1.47
0.68	0.255	1 : 0.5	1 : 0.5	1.0	0.13	2.5	1.39

续表

f'	c'/MPa	上游坡比	下游坡比	上、下游坡比和	σ_{1u}/MPa	K_s	σ_{1d}/MPa
0.65	0.22	1 : 0.55	1 : 0.55	1.10	0.24	2.5	1.34
0.61	0.2	1 : 0.6	1 : 0.6	1.2	0.33	2.5	1.31
0.58	0.178	1 : 0.65	1 : 0.65	1.30	0.41	2.5	1.29
0.55	0.164	1 : 0.7	1 : 0.7	1.4	0.48	2.5	1.29
0.52	0.152	1 : 0.75	1 : 0.75	1.50	0.55	2.5	1.30
0.49	0.143	1 : 0.8	1 : 0.8	1.6	0.62	2.5	1.32

通过对表 4.2-5 中数据的分析可知：

1) 当坝体材料的抗剪强度指标 $f' \geqslant 0.88$、$c' \geqslant 0.508\mathrm{MPa}$ 时，坝体无论建成对称剖面还是非对称剖面，此时稳定安全系数 $K_s \geqslant 2.5$，即稳定均满足规范要求，若推求坝体最经济剖面，则需控制应力，保证上游坝踵处不出现拉应力。

2) 当坝体的抗剪强度指标 f' 在 $0.88 \sim 0.72$ 之间、c' 在 $0.508 \sim 0.3\mathrm{MPa}$ 之间时，若推求坝体最经济剖面，则稳定和应力均需要控制，即稳定安全系数 $K_s \geqslant 2.5$，坝踵处主应力 $\sigma_{1u} \geqslant 0$。

3) 当坝体的抗剪强度指标 $f' \leqslant 0.72$、$c' \leqslant 0.3\mathrm{MPa}$ 时，若推求坝体最经济剖面，则需控制稳定安全系数 $K_s \geqslant 2.5$，此时上游坝踵处均不会出现拉应力。

（3）坝高 100m。坝高 100m 的强度指标计算见表 4.2-6。

表 4.2-6　　　　　坝高 100m 的强度指标计算表

f'	c'/MPa	上游坡比	下游坡比	上、下游坡比和	σ_{1u}/MPa	K_s	σ_{1d}/MPa
0.98	0.77	1 : 0	1 : 0.675	0.675	0	2.51	2.43
0.99	0.76	1 : 0	1 : 0.675	0.675	0	2.51	2.43
0.98	0.76	1 : 0	1 : 0.675	0.675	0	2.5	2.43
0.90	0.71	1 : 0.1	1 : 0.613	0.713	0	2.5	2.44
0.84	0.65	1 : 0.2	1 : 0.555	0.755	0	2.5	2.45
0.78	0.59	1 : 0.3	1 : 0.508	0.808	0	2.5	2.45
0.72	0.545	1 : 0.4	1 : 0.465	0.865	0	2.5	2.45
0.69	0.53	1 : 0.447	1 : 0.447	0.894	0	2.5	2.45
0.64	0.465	1 : 0.5	1 : 0.5	1.0	0.22	2.5	2.31
0.60	0.418	1 : 0.55	1 : 0.55	1.10	0.40	2.5	2.23

续表

f'	c'/MPa	上游坡比	下游坡比	上、下游坡比和	σ_{1u}/MPa	K_s	σ_{1d}/MPa
0.57	0.374	1 : 0.6	1 : 0.6	1.2	0.54	2.5	2.18
0.54	0.338	1 : 0.65	1 : 0.65	1.30	0.68	2.5	2.16
0.50	0.32	1 : 0.7	1 : 0.7	1.4	0.80	2.5	2.15
0.48	0.292	1 : 0.75	1 : 0.75	1.50	0.92	2.5	2.17
0.45	0.278	1 : 0.8	1 : 0.8	1.6	1.03	2.5	2.20

通过对表 4.2-6 中数据的分析可知：

1) 当坝体材料的抗剪强度指标 $f' \geqslant 0.98$、$c' \geqslant 0.76$MPa 时，坝体无论建成对称剖面还是非对称剖面，此时稳定安全系数 $K_s \geqslant 2.5$，即稳定均满足规范要求，若推求坝体最经济剖面，则需控制应力，保证上游坝踵处不出现拉应力。

2) 当坝体的抗剪强度指标 f' 在 0.98～0.69 之间、c' 在 0.76～0.53MPa 之间时，若推求坝体最经济剖面，则稳定和应力均需要控制，即稳定安全系数 $K_s \geqslant 2.5$，坝踵处主应力 $\sigma_{1u} \geqslant 0$。

3) 当坝体的抗剪强度指标 $f' \leqslant 0.69$、$c' \leqslant 0.53$MPa 时，若推求坝体最经济剖面，则需控制稳定安全系数 $K_s \geqslant 2.5$，此时上游坝踵处均不会出现拉应力。

（4）结论。通过对以上表中的数据分析可知，坝体坝踵处应力主要受坝体剖面形式影响，稳定安全系数主要受材料强度指标影响，故在工程中应用时，要根据坝体材料的强度指标推求最经济的剖面形式。此外，在坝高不同时，坝体剖面形式随材料强度指标变化的规律性保持一致，具体如下。

1) 当坝体抗剪强度指标足够高时，以此强度指标得到一个最经济剖面，此时放缓上游边坡或下游边坡，坝体稳定安全系数均会提高，坝踵处压应力会增大，但最经济剖面为直角梯形。

2) 随着坝体的抗剪强度指标降低，最经济剖面逐步由直角梯形向对称梯形过渡，此时稳定安全系数和坝踵处拉应力都需要控制。

3) 当坝体断面形式过渡到对称边坡比 1 : 0.5 时，此时坝踵处的拉应力能满足规范要求，只需控制稳定安全系数；当坝体抗剪强度指标进一步降低时，需通过加大剖面尺寸来满足稳定要求。

4.2.2.3 坝高因素

当坝体材料强度指标一定时，恰好控制 σ_{1u} 或者 K_s 为临界值时，得到不同坝高时的最优断面，具体见表 4.2-7。

通过对表 4.2-7 中数据的分析可知：

（1）当坝体材料抗剪强度指标一定时，随着坝高的增加，坝体的剖面形式逐步由直角梯形向对称梯形过渡，即当坝体高度较低时，抗剪强度指标相对较大，建成直角梯形剖面更经济，此时稳定能满足规范要求，主要控制上游坝踵处不出现拉应力。

表 4.2-7　　　　　　　　　不同坝高计算表

强度指标		坝高/m	上游坡比	下游坡比	上、下游坡比和	σ_{1u}/MPa	K_s	σ_{1d}/MPa
f'	c'/MPa							
0.27	0.30	30	1：0	1：0.675	0.675	0	2.53	0.72
		60	1：0.445	1：0.445	0.890	0	2.50	1.47
		100	1：0.55	1：0.55	1.10	0.40	2.50	2.23

（2）当坝体高度增加时，为满足稳定和坝踵处拉应力的规范要求，此时需要增加坝体断面；当坝体高度较高时，抗剪强度指标相对较低，此时坝踵处的拉应力能满足规范要求，主要控制坝体稳定安全系数，需通过进一步增加坝体断面尺寸来满足。与此同时，随着坝高的增加，下游坝趾处的压应力也在增加，说明随着坝体高度的增加，需考虑材料满足容许压应力的要求。

4.2.3　剖面设计原则

对上述各影响因素分析可知，坝体坝踵处应力主要受坝体剖面形式影响，稳定安全系数主要受材料强度指标影响，具体如下。

（1）当坝体抗剪强度指标足够高时，建成直角梯形最经济，此时，稳定能满足要求，主要控制上游坝踵处不出现拉应力。

（2）随着坝体抗剪强度指标的降低，坝体的最经济剖面逐步由直角梯形过渡为对称梯形，此时，坝体稳定安全和坝踵处拉应力都需要控制。

（3）随着坝体抗剪强度指标的进一步降低，此时坝踵处的拉应力能满足要求，主要控制坝体稳定，需通过进一步增加坝体断面尺寸来满足。

4.3　本章小结

胶凝砂砾石坝体剖面形式介于重力坝与土石坝之间。本章结合土石坝和重力坝设计理论，研究了胶凝砂砾石坝体剖面的变化形式及相应的控制标准。分析表明，胶凝砂砾石材料随着抗剪强度指标的提高，坝体逐步由土石坝剖面过渡到重力坝剖面。由于材料抗剪强度与抗压强度同步变化，因此，坝体剖面采用"三段法"划分理念，以材料抗压强度为控制条件，可将重力坝、胶凝砂砾石坝和土石坝断面形式有机地串联起来。

第5章

胶凝砂砾石材料本构模型

目前，胶凝砂砾石材料本构关系的研究方法一般是通过室内单轴和常规三轴试验，得到试件在简单应力状态下的应力应变关系曲线，然后利用相关理论，把这些试验结果应用到复合应力组合状态上去，即推求材料在一定应力状态下的应力应变关系。这种应力应变关系的数学表达式即为本书研究的"本构模型"。

5.1 胶凝砂砾石材料应力应变关系特性分析

以山西省守口堡工程配合比为基准，其中胶凝材料为 $50kg/m^3$ 的水泥和 $40kg/m^3$ 的粉煤灰，砂率为 0.418，水胶比为 1.58，进行了相关的三轴剪切试验，得出试件在不同围压下 28d 龄期的应力应变曲线，如图 5.1-1 所示。

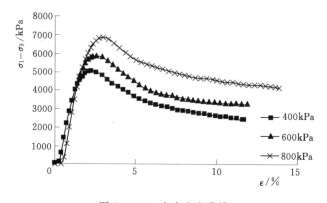

图 5.1-1 应力应变曲线

分析可知，胶凝砂砾石材料是一种典型的弹塑性材料，即在低应力水平下表现出线弹性性质，随着应力逐步增大进入塑性阶段，直至达到峰值强度，随后，随着应变的增长应力降低，体现出明显的软化特征，最终趋于残余强度。

著者在现有的研究基础上，结合胶凝砂砾石材料试件的应力应变特点，建立了以下几种本构模型，并根据各模型的特点及适宜性，选择适合于胶凝砂砾石材料性能的本构模型。

5.2 邓肯-张模型

5.2.1 基本理论

邓肯-张模型是 $E-\nu$ 模型的一种。获取试样基本参数的试验是常规三轴固结排水试验，根据偏应力与轴向应变关系曲线确定弹性参数 E_t，根据轴向应变与横向应变关系曲线确定弹性参数 ν_t。

（1）E_t 的确定。邓肯-张双曲线模型把三轴固结排水试验所得到的应力应变曲线近似认为是双曲线，如图 5.2-1（a）所示，即试样在恒定围压下存在以下关系：

$$\sigma_1 - \sigma_3 = \frac{\varepsilon_a}{a + b\varepsilon_a} \tag{5.2-1}$$

式中：a 为初始切线模量 E_i 的倒数；b 为主应力差渐近值 $(\sigma_1 - \sigma_3)_u$ 的倒数；ε_a 为轴向应变。

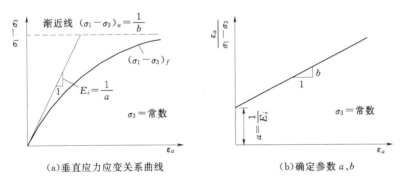

（a）垂直应力应变关系曲线   （b）确定参数 a、b

图 5.2-1 双曲线应力应变关系

将图 5.2-1（a）中的纵轴改为 $\dfrac{\varepsilon_a}{\sigma_1 - \sigma_3}$，双曲线就变为直线，如图 5.2-1（b）所示。从该直线上很容易确定 a 和 b 的数值，其中 a 为直线的截距，b 为直线的斜率。值得注意的是，参数 b 是根据应力应变曲线的渐近线得到的，理论上应 $\varepsilon_a \to \infty$，实际试验中 ε_a 达不到无穷大，所以由试验通常不能直接得到 b。在此引入破坏比 R_f，设破坏比 R_f 用公式表示为

$$R_f = \frac{破坏时的强度}{强度的极限值} = \frac{(\sigma_1 - \sigma_3)_f}{(\sigma_1 - \sigma_3)_u} = \frac{(\sigma_1 - \sigma_3)_f}{\dfrac{1}{b}} \tag{5.2-2}$$

式中：$(\sigma_1 - \sigma_3)_f$ 为试样破坏时的主应力差；R_f 为破坏比，其值小于 1。

由式（5.2-2）得

$$b = \frac{R_f}{(\sigma_1 - \sigma_3)_f} \qquad (5.2-3)$$

所以

$$\sigma_1 - \sigma_3 = \frac{\varepsilon_a}{\dfrac{1}{E_i} + \dfrac{R_f \varepsilon_a}{(\sigma_1 - \sigma_3)_f}} \qquad (5.2-4)$$

$$\varepsilon_a = \frac{\sigma_1 - \sigma_3}{E_i \left[1 - \dfrac{R_f (\sigma_1 - \sigma_3)}{(\sigma_1 - \sigma_3)_f} \right]} \qquad (5.2-5)$$

对式（5.2-5）微分得

$$\mathrm{d}\varepsilon_a = \frac{\mathrm{d}\sigma_1}{E_i \left[1 - \dfrac{R_f (\sigma_1 - \sigma_3)}{(\sigma_1 - \sigma_3)_f} \right]^2} \qquad (5.2-6)$$

根据弹性模量的概念，在增量法中，切线模量定义为

$$E_t = \frac{\mathrm{d}\sigma_1}{\mathrm{d}\varepsilon_a} \qquad (5.2-7)$$

把式（5.2-6）代入式（5.2-7）得

$$E_t = \frac{\mathrm{d}\sigma_1}{\mathrm{d}\varepsilon_a} = E_i \left[1 - \frac{R_f (\sigma_1 - \sigma_3)}{(\sigma_1 - \sigma_3)_f} \right]^2 \qquad (5.2-8)$$

初始切线模量 E_i 与围压 σ_3 的关系可表示为

$$E_i = k p_a \left(\frac{\sigma_3}{p_a} \right)^n \qquad (5.2-9)$$

对式（5.2-9）两边取对数得

$$\lg\left(\frac{E_i}{p_a} \right) = \lg k + n \lg\left(\frac{\sigma_3}{p_a} \right) \qquad (5.2-10)$$

分别以 $y = \lg\left(\dfrac{E_i}{p_a} \right)$ 和 $x = \lg\left(\dfrac{\sigma_3}{p_a} \right)$ 为坐标轴，式（5.2-10）可表达为直线方程：

$$y = a + nx \qquad (5.2-11)$$

以上式中：k、n 为由试验确定的无量纲参数，n 代表图 5.2-2 中直线的斜率，k 值反映材料的可压缩性，可通过直线的截距间接求得；p_a 为大气压力，单位与 E_i 相同，近似取为 0.1MPa。

根据摩尔-库仑强度准则，材料的破坏强度可以用内摩擦角和凝聚力表示为

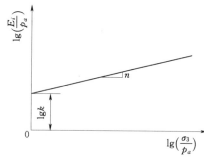

图 5.2-2　$\lg(E_i/p_a)$ 与 $\lg(\sigma_3/p_a)$ 的关系图

$$(\sigma_1 - \sigma_3)_f = \frac{2c\cos\varphi + 2\sigma_3\sin\varphi}{1 - \sin\varphi} \tag{5.2-12}$$

将式（5.2-9）和式（5.2-12）代入式（5.2-8）得切线模量的表达式为

$$E_t = \left[1 - \frac{R_f(\sigma_1 - \sigma_3)(1 - \sin\varphi)}{2c\cos\varphi + 2\sigma_3\sin\varphi}\right]^2 kp_a\left(\frac{\sigma_3}{p_a}\right)^n \tag{5.2-13}$$

由式（5.2-13）可以看出，$E_t = f(R_f, c, \varphi, K, n)$，所以切线模量 E_t 包含 5 个参数。

（2）ν_t 的确定。ν_t 定义为

$$\nu_t = -\frac{\mathrm{d}\varepsilon_3}{\mathrm{d}\varepsilon_1} \tag{5.2-14}$$

此次试验可直接测得轴向应变与体积应变，这样

$$\mathrm{d}\varepsilon_3 = \frac{\mathrm{d}\varepsilon_v - \mathrm{d}\varepsilon_1}{2} \tag{5.2-15}$$

ε_1 与 ε_3 存在以下双曲线关系：

$$\varepsilon_1 = \frac{-\varepsilon_3}{f - D\varepsilon_3} \tag{5.2-16}$$

移向可得

$$\frac{-\varepsilon_3}{\varepsilon_1} = f - D\varepsilon_3 \tag{5.2-17}$$

在 $\left(\dfrac{-\varepsilon_3}{\varepsilon_1}, -\varepsilon_3\right)$ 坐标下，式（5.2-17）是直线方程。根据 σ_3 不同的试验，可以求出不同的 f、D，若求出的 D 值不同，则可取平均值作为模型参数。

定义 f 存在以下关系：

$$f = \nu_i = G - F\lg\left(\frac{\sigma_3}{p_a}\right) \tag{5.2-18}$$

最终 ν_t 可表示为

$$\nu_t = -\frac{\mathrm{d}\varepsilon_3}{\mathrm{d}\varepsilon_1} = \frac{1}{\left\{1 - \dfrac{D(\sigma_1 - \sigma_3)}{E_i\left[1 - \dfrac{R_f(\sigma_1 - \sigma_3)(1 - \sin\varphi)}{2c\cos\varphi + 2\sigma_3\sin\varphi}\right]}\right\}^2}\left[G - F\lg\left(\frac{\sigma_3}{p_a}\right)\right]$$

$$\tag{5.2-19}$$

由式（5.2-19）可知，$\nu_t = f(R_f, c, \varphi, D, G, F)$，所以 ν_t 包含 6 个参数。

综上所述，在邓肯-张模型求弹性参数 E_t、ν_t 的公式中，包含了 K、n、R_f、c、φ 和 G、F、D 共 8 个参数，它们均可由常规三轴试验得到。

通过对邓肯-张双曲线模型的分析，可知该模型具有的特点为：①邓肯-张模型要求 $(\sigma_1 - \sigma_3) - \varepsilon_1$ 曲线为硬化型，而且是双曲线，$\varepsilon_1 - \varepsilon_3$ 曲线也为双曲

线；②该模型假定材料是各向同性的，且不考虑材料的剪胀性；③测定泊松比ν值时，ε_3不易直接测量。

由以上公式可知，ε_3是根据体积应变和最大主应变ε_1按试样均匀变形计算的，实际试验中，材料可能并非一直均匀变形，因此，求得的模型参数可能会有误差。

5.2.2　虚加刚性弹簧法的基本原理

由胶凝砂砾石材料的应力应变曲线可以看出，曲线在应力峰值前基本符合双曲线，应力峰值后曲线呈现软化特征。用双曲线模型来模拟整个过程，需要对曲线进行适当修正，在此采用虚加刚性弹簧法对曲线进行修正拟合，处理其应变软化问题。

虚加刚性弹簧法的原理可以用图5.2-3说明：如图5.2-3（b）所示，在适当的地方施加虚拟的弹簧，而弹簧的应力应变关系是线性的，如图5.2-3（a）中的直线②所示；胶凝砂砾石实际的应力应变曲线如图5.2-3（a）中的曲线①所示，该曲线存在明显的软化段；若在曲线①的基础上叠加上直线②，则曲线①可以转换为曲线③的形状，该曲线没有软化段存在，可近似看作双曲线，因而胶凝砂砾石材料的应力应变关系可以利用邓肯-张的双曲线模型来研究。

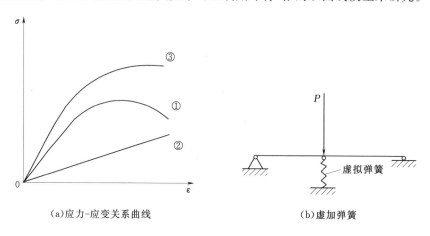

（a）应力-应变关系曲线　　　　　（b）虚加弹簧

图5.2-3　虚加刚性弹簧法示意图

虚加刚性弹簧以后，图5.2-3（a）中曲线③虚拟双曲线的切线弹性模量由实际胶凝砂砾石的切线弹性模量与刚性弹簧的弹性模量组成，即实际胶凝砂砾石的切线弹性模量等于虚拟双曲线的弹性模量减去刚性弹簧的弹性模量，即

$$E_1 = E_3 - E_2 \qquad (5.2-20)$$

式中：E_1为实际胶凝砂砾石的切线模量；E_2为虚加刚性弹簧的弹性模量；E_3为虚拟双曲线的切线模量。

5.3 摩尔-库仑软化模型

5.3.1 基本理论

三维快速拉格朗日元法采用显式有限差分格式来求解场的控制微分方程,并应用混合单元离散模型,可模拟岩土材料达到平衡或稳定塑性流状态时的力学特性。这种方法能准确地模拟材料的屈服、塑性流动、软化直至大变形,在材料的弹塑性分析、大变形分析以及模拟施工过程等领域有其独到的优点。基于这种方法,美国 ITASCA 国际咨询公司开发了三维快速拉格朗日分析程序 FLAC-3D。该程序广泛应用于土木建筑、采矿、交通、水利、地质、核废料处理、石油及环境工程等领域。

5.3.1.1 三维快速拉格朗日元法基本原理

(1)规则定义。三维快速拉格朗日元法的有限差分模型规定,连续体中任意一点的状态由 4 个矢量 x_i、u_i、$v_i dv_i/dt$ 即空间位置、位移、速度和加速度定义,并规定拉伸方向为正,相应地拉伸方向的正应力定义为正。

(2)应力。质点的应力状态由应力张量来定义。由柯西公式可知,任一平面上单位法向量 $[n]$ 上的力矢 $[t]$ 为(拉力为正)

$$t_{ij} = \sigma_{ij} n_{ij} \qquad (5.3-1)$$

式(5.3-1)中运用了张量分析的加法规则。

(3)应变速率和转动速率。连续体中某一质点以速度 v 运动,在时间 dt 内连续体经历无限小应变 $v_i d_t$,相应应变速率张量可表达为

$$\xi_{ij} = \frac{1}{2}(v_{ij} + v_{ji}) \qquad (5.3-2)$$

式(5.3-2)中采用了偏导数来表示空间位置矢量 $[x]$ 的分量。

第一应变速率张量不变量可以反映单元体的体积膨胀率,除了应变速率张量 ξ_{ij} 外,单元还经历了瞬时刚体直线运动 v 和刚体转动,其转动角速度为

$$\Omega_i = -\frac{1}{2}(e_{ijk}\omega_{ij}) \qquad (5.3-3)$$

式中:e_{ijk} 为置换符号;ω_{ij} 为转动速率张量,并定义为

$$\omega_{ij} = \frac{1}{2}(v_{i,j} - v_{j,i}) \qquad (5.3-4)$$

由动量原理可得柯西运动方程:

$$\sigma_{ij,j} + \rho b_i = \rho \frac{dv}{dt} \qquad (5.3-5)$$

式中：ρ 为单元密度；b 为单元质量体积力；dv/dt 为加速度。

当单元受到外力作用时，由柯西运动方程控制单元的运动形式。在静力平衡计算中加速 dv/dt 为零，则式（5.3-5）可表示为偏微分方程：

$$\sigma_{ij,j} + \rho b_i = 0$$

（4）边界和初始条件。边界条件包括施加在边界面上的应力、速度（产生给定的位移）和体积力。另外，单元的初始应力状态也需确定。

（5）本构方程。由运动方程和应变速率张量共构成包含 15 个未知量的 9 个方程，15 个未知量分别为 6 个应力张量分量、6 个应变速率张量和 3 个速度矢量分量。另外 9 个方程则通过材料的本构模型来确定，一般定义为

$$[\hat{\sigma}_{ij}] = H_{ij}(\sigma_{ij}, \xi_{ij}, k) \tag{5.3-6}$$

式中：$[\hat{\sigma}]_{ij}$ 为应力变化率张量；H_{ij} 为给定函数；k 为考虑加载历史的参数。

应力变化率张量 $[\hat{\sigma}]_{ij}$ 等于材料应力的导数，可定义为

$$[\hat{\sigma}]_{ij} = \frac{d\sigma_{ij}}{dt} - \omega_{ik}\sigma_{kj} + \sigma_{ik}\omega_{kj} \tag{5.3-7}$$

式中：$\frac{d\sigma_{ij}}{dt}$ 为应力矢量 σ 的时间函数；ω 为转动速率张量。

5.3.1.2 数值方法

三维快速拉格朗日元法求解时使用了下列 3 种计算方法。

（1）有限差分法。变量关于空间和时间的一阶导数均用有限差分来近似表示。

（2）离散模型法。连续介质被离散为等效的体单元，作用力均集中在单元结点上。

（3）动态松弛法。应用质点运动方程求解，在逐步积分的过程中加入了临界阻尼，通过质量阻尼和刚度阻尼来吸收系统的动能，使系统趋于平衡状态。

连续体的运动方程通过这 3 种方法被转变为离散的结点处的运动方程，最终整个模型系统的差分方程则通过时域内的显式差分法在数值上得到解答。

5.3.1.3 网格离散

在塑性状态下，四面体单元不能提供足够的变形模式，在一些本构模型规定的体积不改变的情况下单元不能发生变形，单元将会出现刚度过大现象。为解决这一问题，在三维快速拉格朗日元法中采用了复合离散法。

复合离散法的原理是通过适当调整四面体第一应变不变量的方法使单元发生体积变形。计算区域划分为常应变率六面体单元的集合体，计算过程中，将六面体划分为四面体，变量均在四面体内进行计算，六面体单元的应力、应变

取值为四面体的体积加权平均。这种方法既避免了常应变率六面体单元常会遇到的位移剪切锁死现象，又使得四面体单元的变形模式充分适应一些特殊本构模型的要求。

5.3.2 模型建立

摩尔-库仑模型的破坏面包含拉伸破坏准则，剪切破坏时，满足非关联的流动法则；拉伸破坏时，满足相关联的流动法则。软化模型是基于与剪切流动法则不相关联而与拉力流动法则相关联的摩尔-库仑模型，差别在于塑性屈服开始后，凝聚力、摩擦角、剪胀扩容和抗拉强度可能会发生变化。在摩尔-库仑模型中，这些性质都假定为常数。通过自定义凝聚力、摩擦角和剪胀角为软化参数的分段线性函数，通过这些参数量测塑性剪切应变。

胶凝砂砾石材料在外载作用下，当应力达到强度极限后，其应力会随着变形的增加而降低，这种现象通常被称之为"应变软化"。由于应变软化的影响，结构变形稳定发展到一定程度之后，会突然失去变形的稳定性，导致结构的动态破坏失效。

应变软化模型以弹塑性理论为基础，认为破坏准则和塑性势函数不仅与应力张量有关，而且与软化参数有关，在峰后应力跌落阶段，随着应变软化参数的增加，材料的强度参数（如摩擦角、凝聚力）是逐渐演化的（通常认为是由损伤造成的），而不是一成不变的或突然跌落到残余值。

5.3.2.1 基于应变软化模型的峰后应力应变关系求法

首先确定应变软化参数和强度准则，其次根据强度参数的演化规律，建立强度参数与应变软化参数之间的联系，然后根据强度准则，建立应力与强度参数之间的关系，最后以强度参数这一中间变量为纽带得到应力和应变之间的关系。

应变软化参数一般是关于应变或塑性应变的函数，在选择应变软化参数方面，至今没有被大家广泛接受的方法，通常有两种不同的做法：一种是将其视为与内变量有关的函数，使用较多的有最大塑性主应变、塑性剪应变 ε_1^p 和 $\varepsilon_1^p - \varepsilon_3^p$、等效塑性应变 $\sqrt{\dfrac{2}{3}\ (\varepsilon_1^p \varepsilon_1^p + \varepsilon_2^p \varepsilon_2^p + \varepsilon_3^p \varepsilon_3^p)}$ 等；另一种是基于增量的方法选取，使用较多的是 $\dot{\gamma} = \dfrac{\Delta \gamma}{\Delta \tau} = \sqrt{\dfrac{2}{3}\ (\dot{\varepsilon}_1^p \dot{\varepsilon}_1^p + \dot{\varepsilon}_2^p \dot{\varepsilon}_2^p + \dot{\varepsilon}_3^p \dot{\varepsilon}_3^p)}$，其中 ε_i^p 和 $\dot{\varepsilon}_i^p (i = 1, 2, 3)$ 分别表示第 i 个塑性主应变和塑性主应变的变化率。

摩尔-库仑强度准则的表达式为

$$\sigma_1 = \frac{1 + \sin\varphi(\gamma)}{1 - \sin\varphi(\gamma)}\sigma_3 + \frac{2c(\gamma)\cos\varphi(\gamma)}{1 - \sin\varphi(\gamma)} \tag{5.3-8}$$

式中：γ 为应变软化参数；c、φ 为强度参数，在峰后应变软化阶段，这些强度参数都随着应变软化参数 γ 的变化而变化。

在确定强度参数的演化规律方面，一般可通过实验、现场观测等方法来获取强度参数与应变软化参数之间的关系，即强度参数的演化规律。为了使问题简化，通常假设强度参数与应变软化参数之间为分段线性函数的形式，其表达式为

$$\xi(\gamma)=\begin{cases}\xi_p-(\xi_p-\xi_r)\dfrac{\gamma}{\gamma^*} & 0<\gamma<\gamma^*\\[2mm]\xi_r & \gamma\geqslant\gamma^*\end{cases} \tag{5.3-9}$$

式中：ξ、ξ_p、ξ_r 分别为强度参数、峰值处的强度参数和残余阶段的强度参数；γ^* 为应变软化参数 γ 在残余阶段开始处的值。

若 γ^* 趋于无穷大或零，则应变软化模型即可转化为理想弹塑性模型，即理想弹塑性模型和理想弹脆性模型可看作应变软化模型的两个极端情况。

为了确定塑性应变间的关系，还要确定塑性势函数，摩尔-库仑型塑性势函数经常被采用，可表示为

$$G(\sigma_1,\sigma_3,\gamma)=\sigma_1-k(\gamma)\sigma_3 \tag{5.3-10}$$

其中
$$k(\gamma)=\frac{1+\sin\phi(\gamma)}{1-\sin\phi(\gamma)}$$

式中：$k(\gamma)$ 为剪胀系数；ϕ 为剪胀角。

由正交流动法则可得

$$d\varepsilon_{3p}=-k(\gamma)d\varepsilon_{1p} \tag{5.3-11}$$

5.3.2.2　数值验证

以摩尔-库仑准则作为强度准则，主应变 ε_1 作为应变软化参数，因此需要确定凝聚力 c、摩擦角 φ 和 ε_1 之间的关系。为了与全应力应变曲线对应起来，假设材料强度参数 c、φ 的演化规律如图 5.3-1 所示，图 5.3-2 为相应材料的全应力应变曲线。

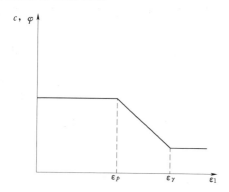

图 5.3-1　强度参数 c、φ 的演化规律

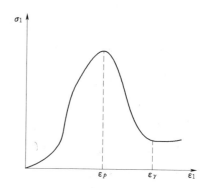

图 5.3-2　材料的全应力应变曲线

$$c(\varepsilon_1) = \begin{cases} c_p & \varepsilon_1 \leqslant \varepsilon_p \\ \dfrac{c_r - c_p}{\varepsilon_r - \varepsilon_p}(\varepsilon_1 - \varepsilon_p) + c_p & \varepsilon_p \leqslant \varepsilon_1 \leqslant \varepsilon_r \\ c_r & \varepsilon_1 \geqslant \varepsilon_r \end{cases} \quad (5.3-12)$$

式中：ε_p、ε_r 分别为峰值处的主应变和残余强度开始处的主应变。

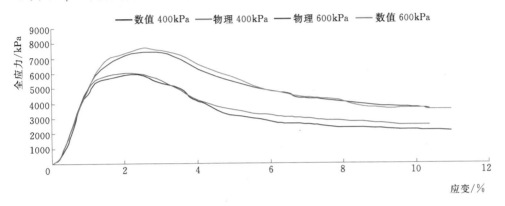

图 5.3-3　三轴试验下轴向应变与应力的关系

根据守口堡工程筑坝材料的配比方案，通过物理试验画出相应的摩尔圆，确定试样的参数 c、φ，将 c、φ 软化过程假定为 3 段模拟材料的软化过程。计算模型采用一个半径为 15cm、高度为 30cm 的圆柱体，单元底面为竖向位移约束，周围采用应力边界条件，模型顶部荷载使用 FISH 函数分级施加，每级 10kPa，围压分别为 600kPa 和 400kPa。计算收敛的最大不平衡力比为默认的 $10e^{-5}$，力学模型采用应变软化模型。计算结果主要分析偏应力-轴向应变关系和体积应变-轴向应变关系，并与试验值进行对比以分析计算结果的正确性。表 5.3-1 给出了测试采用的软化模型参数，图 5.3-3 给出了三轴试验下轴向应变与应力的关系曲线。这是依据二次开发的程序完成的模拟结果和物理试验结果绘出的曲线。从图 5.3-3 中可以看出，计算结果与物理试验数据有很好的一致性。

表 5.3-1　　　　　　　　　　常规三轴试验模型参数表

坝体容重/(N/m³)	凝聚力/MPa	摩擦角/(°)	体积模量/MPa	剪切模量/MPa
2320	0.68	43.9	$1.2e^3$	$1.8e^3$

图 5.3-4 为物理试验和数值模拟试验的剪切破坏形式。试件在剪切破坏过程中，向周围膨胀，表现出较为明显的剪胀特征；试件受剪切后，呈现出较为明显的剪切破坏面，数值模拟与物理试验结果符合较好，选取的计算参数可以有效地反映胶凝砂砾石材料的基本特性。

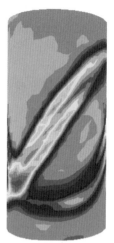

（a）物理试验的剪切破坏面　　　　　　（b）数值模拟的剪切破坏面

图 5.3-4　物理试验和数值模拟试验的剪切破坏面

5.4　弹塑性损伤模型

5.4.1　力学行为

该模型为连续的、基于塑性的混凝土损伤模型。它假定混凝土材料主要因拉伸开裂和压缩破碎而破坏。屈服或破坏面的演化由两个硬化变量 $\tilde{\varepsilon}_t^{pl}$ 和 $\tilde{\varepsilon}_c^{pl}$ 控制，$\tilde{\varepsilon}_t^{pl}$ 和 $\tilde{\varepsilon}_c^{pl}$ 分别表示拉伸和压缩等效塑性应变。

（1）单轴拉伸和压缩荷载。该模型假定混凝土的单轴拉伸和压缩性状由损伤塑性描述，如图 5.4-1 所示。

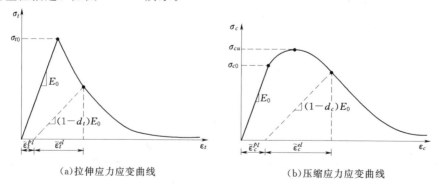

（a）拉伸应力应变曲线　　　　　　　　（b）压缩应力应变曲线

图 5.4-1　混凝土单轴拉伸和压缩应力应变曲线

单轴拉伸时，应力应变关系在达到破坏应力 σ_{t0} 前为线弹性。材料达到该破坏应力时，产生微裂纹。超过破坏应力后，因微裂纹群的出现使材料宏观力学性能软化，这引起混凝土结构应变的局部化。对于单轴压缩，材料达到初始屈服应力 σ_{c0} 之前为线弹性，屈服后是硬化段，超过极限应力 σ_{cu} 后为应变软化。这种表示方法虽然有些简化，但抓住了混凝土的主要变形特征。

假定单轴应力应变曲线可以转化为应力与塑性应变关系曲线（根据用户定义的应力与"非弹性"应变数据由 ABAQUS 自动转化）。因此

$$\left.\begin{aligned}
\sigma_t &= \sigma_t(\tilde{\varepsilon}_t^{pl}, \dot{\tilde{\varepsilon}}_t^{pl}, \theta, f_i) \\
\sigma_c &= \sigma_c(\tilde{\varepsilon}_c^{pl}, \dot{\tilde{\varepsilon}}_c^{pl}, \theta, f_i)
\end{aligned}\right\} \tag{5.4-1}$$

式中：下标 t 和 c 分别表示拉伸和压缩；$\tilde{\varepsilon}_t^{pl}$ 和 $\tilde{\varepsilon}_c^{pl}$ 分别为等效塑性拉伸应变与压缩应变；$\dot{\tilde{\varepsilon}}_t^{pl}$ 和 $\dot{\tilde{\varepsilon}}_c^{pl}$ 分别为等效塑性拉伸应变率与压缩应变率；θ 为温度；f_i（$i=1, 2\cdots$）为其他预定义的场变量。

当混凝土试件从应力应变关系曲线的软化段上卸载时，卸载段被弱化了（曲线斜率减小），这表明材料的弹性刚度发生了损伤（或弱化）。弹性刚度的损伤（弱化）可通过两个损伤变量 d_t 和 d_c 表示，这两个损伤变量为塑性应变、温度和场变量的函数，即

$$\left.\begin{aligned}
d_t &= d_t(\tilde{\varepsilon}_t^{pl}, \theta, f_i) & 0 \leqslant d_t \leqslant 1 \\
d_c &= d_c(\tilde{\varepsilon}_c^{pl}, \theta, f_i) & 0 \leqslant d_c \leqslant 1
\end{aligned}\right\} \tag{5.4-2}$$

损伤因子的取值范围为 0（表示无损材料）～1（表示完全损伤材料）。

如果 E_0 为材料的初始（无损）弹性刚度，则单轴拉伸和压缩荷载作用下的应力应变关系分别为

$$\left.\begin{aligned}
\sigma_t &= (1-d_t)E_0(\varepsilon_t - \tilde{\varepsilon}_t^{pl}) \\
\sigma_c &= (1-d_c)E_0(\varepsilon_c - \tilde{\varepsilon}_c^{pl})
\end{aligned}\right\} \tag{5.4-3}$$

有效拉伸和有效压缩应力分别为

$$\left.\begin{aligned}
\bar{\sigma}_t &= \frac{\sigma_t}{1-d_t} = E_0(\varepsilon_t - \tilde{\varepsilon}_t^{pl}) \\
\bar{\sigma}_c &= \frac{\sigma_c}{1-d_c} = E_0(\varepsilon_c - \tilde{\varepsilon}_c^{pl})
\end{aligned}\right\} \tag{5.4-4}$$

有效黏聚应力决定了屈服（或破坏）面的大小。

（2）单轴循环荷载。在周期荷载作用下，损伤力学性状很复杂，这涉及先期形成的微裂纹的张开和闭合，以及它们之间的相互作用。试验表明，在单轴循环荷载下，荷载改变方向后，弹性刚度将得到部分恢复。当荷载由拉伸变为压缩时，这种效果更加明显。

损伤塑性模型假定损伤后弹性模量可表示为无损弹性模量与损伤因子 d

的关系式，即

$$E = (1-d)E_0 \tag{5.4-5}$$

式中：E_0 为材料初始（无损）模量。

式（5.4-5）包含循环内拉伸和压缩两种情况。损伤因子 d 为应力状态和单轴损伤变量 d_t 和 d_c 的函数。在单轴循环荷载状态下，ABAQUS 假定：

$$(1-d) = (1-s_t d_c)(1-s_c d_t) \tag{5.4-6}$$

式中：S_t 和 S_c 为与应力反向有关的刚度恢复下的应力状态的函数，他们可根据式（5.4-7）进行定义：

$$\left.\begin{array}{ll} s_t = 1 - \omega_t r^*(\bar{\sigma}_{11}) & 0 \leqslant \omega_t \leqslant 1 \\ s_c = 1 - \omega_c [1 - r^*(\bar{\sigma}_{11})] & 0 \leqslant \omega_t \leqslant 1 \end{array}\right\} \tag{5.4-7}$$

其中

$$r^*(\bar{\sigma}_{11}) = H(\bar{\sigma}_{11}) = \begin{cases} 1 & if \quad \bar{\sigma}_{11} > 0 \\ 0 & if \quad \bar{\sigma}_{11} < 0 \end{cases} \tag{5.4-8}$$

权重因子 ω_t 和 ω_c 假定为材料参数，其控制着反向荷载下拉伸和压缩刚度的恢复。为了说明这点，图 5.4-2 给出了荷载从拉伸到压缩过程中权重变换的情况。假定材料没有压缩损伤（压碎），也就是 $d_c = 0$。从而有

$$(1-d) = (1-s_c d_t) = \{1 - [1 - \omega_c(1-r^*)]d_t\} \tag{5.4-9}$$

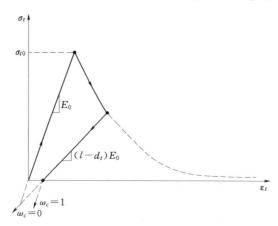

图 5.4-2　压缩刚度恢复参数 ω_c 的影响

下面分拉伸和压缩两种情形进行探讨。

1）拉伸时（$\bar{\sigma}_{11} > 0$），$r^* = 1$，因此，$d = d_t$。

2）压缩时（$\bar{\sigma}_{11} < 0$），$r^* = 0$，因此，$d = (1-\omega_c)d_t$。如果 $\omega_c = 1$，则 $d = 0$。因此，材料完全恢复压缩刚度。如果 $\omega_c = 0$，则有 $d = d_t$，此时刚度没有恢复。ω_c 的中间取值意味着刚度部分恢复。

对于单轴周期条件下等效逆行应变演化方程一般简化为

$$\left. \begin{array}{l} \dot{\bar{\varepsilon}}_t^{pl} = r^* \dot{\bar{\varepsilon}}_{11}^{pl} \\[2mm] \dot{\bar{\varepsilon}}_c^{pl} = -(1-r^*) \dot{\bar{\varepsilon}}_{11}^{pl} \end{array} \right\} \qquad (5.4-10)$$

（3）多轴应力状态。3 维多轴状态下的应力应变关系可通过损伤弹性方程表示，即

$$\sigma = (1-d) D_0^{el} : (\varepsilon - \varepsilon^{pl}) \qquad (5.4-11)$$

式中：D_0^{el} 为初始（无损）弹性矩阵。

通过多轴应力权重因子 $r(\bar{\sigma})$ 代替单位阶梯函数 $r^*(\bar{\sigma}_{11})$，将前面方程给出的损伤因子 d 转化为适用于多轴应力条件，$r(\bar{\sigma})$ 表示式为

$$r(\hat{\sigma}) = \frac{\sum_{i=1}^{3} \langle \hat{\sigma}_i \rangle}{\sum_{i=1}^{3} |\hat{\sigma}_i|} \qquad 0 \leqslant r(\hat{\sigma}) \leqslant 1 \qquad (5.4-12)$$

式中：$\hat{\sigma}_i (i=1, 2, 3)$ 为主应力分量；$\langle * \rangle$ 定义为 $\langle x \rangle = \frac{1}{2}(|x|+x)$。

5.4.2 拉伸强化

裂纹区后继破坏行为可通过 * TENSION STIFFENING 命令行来表征，它可以定义开裂混凝土应变软化性状。该选项通过一种简化方式考虑了钢筋与混凝土之间的作用。在混凝土损伤塑性模型中需要定义 * TENSION STIFF-ENING，该命令在材料定义模块中必须紧跟 * CONCRETE 选项之后。设置该选项时，需要给出拉伸硬化方式：后继破坏应力应变关系或者断裂能量开裂准则。

（1）后继破坏的应力应变关系。在钢筋混凝土中，后继破坏性状一般是指后继破坏应力与开裂应变的关系。开裂应变为总应变减去无损材料的弹性应变，即

$$\tilde{\varepsilon}_t^{ck} = \varepsilon_t - \varepsilon_{0t}^{el} \qquad (5.4-13)$$

其中

$$\varepsilon_{0t}^{el} = \sigma_t / E_0$$

拉伸硬化数据根据开裂应变 $\dot{\tilde{\varepsilon}}_t^{ck}$ 进行定义。当提供卸载数据时，根据拉伸损伤曲线 $d_t - \varepsilon_{0t}^{el}$ 数据提供给 ABAQUS。ABAQUS 根据式（5.4-14）自动将开裂应变值转化为塑性应变值。

$$\tilde{\varepsilon}_t^{pl} = \tilde{\varepsilon}_t^{ck} - \frac{d_t}{1-d_t} \frac{\sigma_t}{E_0} \qquad (5.4-14)$$

如果计算得到的塑性应变值随着开裂应变的增加变为负值或减小，ABAQUS 会发出错误信息，这意味着拉伸硬化曲线定义不正确。当不存在拉伸损伤时，有 $\tilde{\varepsilon}_t^{pl} = \tilde{\varepsilon}_t^{ck}$。

在素混凝土或少筋混凝土中定义材料的应变软化性状会导致计算结构具有网格敏感性，也就是说，当网格重新划分后，计算结果并不唯一，这是由于网格细化后导致裂纹带变窄。如果裂纹只在结构的局部区域出现并且网格重新划分也不会使裂纹增加时，网格敏感性问题就会出现。如果裂纹均匀分布（因为钢筋的影响或稳定材料，如板弯曲问题），网格敏感问题就不会突出。

一般情况下，在钢筋混凝土结构有限元分析模型中，每个单元中都包含钢筋单元。如果在混凝土模型中能够合理地设定拉伸硬化参数，钢筋和混凝土间的相互作用将有助于减少网格敏感性。拉伸硬化参数必须进行预估，它与钢筋的分布密度、钢筋与混凝土间的黏结力、混凝土骨料与钢筋直径的相对尺寸以及网格有关。当配筋率相对较大的钢筋混凝土结构采用非常细密的网格时，通常假定应力从峰值线性地减小到零，最终的应变为峰值应力对应应变的10倍。标准混凝土的破坏应变一般为 10^{-1}，由此，当拉伸硬化段的应变为 10^{-3} 时，应力衰减为零。

合理选取拉伸硬化模型的参数非常重要，因为大的拉伸硬化取值大容易获得数值计算结果。太小的拉伸硬化导致混凝土局部开裂使整个模型的反应不稳定。实际工作中很少出现这样的行为，分析模型出现这种情况表明拉伸硬化值过低。

（2）断裂能量开裂准则。当模型重要区域没有钢筋时，采用上面介绍的拉伸强化方法得到的结果有网格依赖性。但是，从实用角度出发，Hilleborg（1976年）提出的断裂能方法可以解决这个问题，且已被普遍接受。Hilleborg采用脆性断裂概念，定义断裂能为Ⅰ型裂纹张开单位面积所需的能量，并将此作为材料参数。采用这种方法时，混凝土的力学性状通过应力位移关系而不是应力应变关系定义。在拉伸作用下，混凝土试件的某些断面将会开裂，应力会因试件被过度拉伸而释放，试件长度主要由裂纹张开度来确定，而裂纹张开度却与试件长度无关。

另一种方法是将Ⅰ型断裂能 G_f^I 直接定义为材料参数，此时，可以采用列表方式将破坏应力 σ_{tu}^I 定义为Ⅰ型断裂能的函数。该模型假定开裂后材料强度线性地变化到零。因此，强度完全丧失时法向开裂位移为

$$u_{n0} = 2G_f^I/\sigma_{tu}^I \qquad (5.4-15)$$

G_f^I 的取值在 $40 \sim 120\text{N/m}$ 之间，对普通混凝土（抗压强度大约为20MPa）取低值，对高强混凝土（抗压强度一般为40MPa）取高值。

如果定义了拉伸损伤，ABAQUS通过式（5.4-17）自动将开裂位移值转化为塑性位移值。

$$u_t^{pl} = u_t^{ck} - \frac{d_t}{1-d_t}\frac{\sigma_t l_0}{E_0} \qquad (5.4-16)$$

式中：l_0 为单位长度。

在有限元计算采用应力位移关系时，需要定义积分点的特征长度。裂纹特征长度是基于单元性状进行定义的，对于梁单元和桁架单元，裂缝特征长度为积分点的长度；对于壳单元和平面单元，采用积分点面积的平方根作为特征长度；对于三维实体单元，为积分点体积的三次方根。定义裂纹长度的特征值是因为预先不知道裂纹产生的方向。大形状比单元的力学性状因开裂方向不同而有很大的差异性，建议单元的形状应接近正方形。

5.4.3 定义压缩行为

对于单轴压缩下的素混凝土，可以定义弹性范围外的应力应变关系。压缩应力可以采用列表方式定义为非弹性应变（或压碎）$\widetilde{\varepsilon}_c^{in}$ 的函数，如果需要的话，可同时定义为应变率、温度和场变量的函数。压缩应力和应变值为正（绝对值）。超过极限应力后，应力应变关系曲线就进入软化段。

硬化数据是由非弹性应变 $\widetilde{\varepsilon}_c^{in}$ 而不是由塑性应变 $\widetilde{\varepsilon}_c^{pl}$ 给出的。压缩非弹性应变为总应变减去无损材料的弹性应变，即

$$\varepsilon_c^{in} = \varepsilon_c - \varepsilon_{0c}^d \qquad (5.4-17)$$

其中

$$\varepsilon_{0c}^d = \sigma_c / E_0$$

根据压缩损伤曲线将卸载数据提供给 ABAQUS。ABAQUS 自动将非弹性应变值转化为塑性应变值，转化方程式为

$$\widetilde{\varepsilon}_c^{pl} = \widetilde{\varepsilon}_c^{in} - \frac{d_c}{1-d_c} \frac{\sigma_c}{E_0} \qquad (5.4-18)$$

如果计算得到的塑性应变值随着非弹性应变的增加而变为负值或减小，ABAQUS 会发出错误信息，这意味着压缩损伤曲线定义不正确。当不存在压缩损伤时，有 $\widetilde{\varepsilon}_c^{pl} = \widetilde{\varepsilon}_c^{in}$。

5.4.4 损伤刚度恢复的定义

损伤变量 d_t 和 d_c 可以以表格形式进行定义（如果没有定义损伤，则本构模型为塑性模型，因此有 $\widetilde{\varepsilon}_t^{pl}$ 和 $\widetilde{\varepsilon}_c^{in}$）。

在 ABAQUS 中，材料点的损伤变量值不会减小。在分析过程的任一增量步中，损伤变量的当前取值为前一荷载步结束时的损伤值和当前状态损伤值中的较大者，即

$$\left.\begin{array}{l} d_t|_{t+\Delta t} = \max\{d_t|_t, d_t(\widetilde{\varepsilon}_t^{pl}|_{t+\Delta t}, \theta|_{t+\Delta t}, f_i|_{t+\Delta t})\} \\ d_c|_{t+\Delta t} = \max\{d_c|_t, d_c(\widetilde{\varepsilon}_c^{pl}|_{t+\Delta t}, \theta|_{t+\Delta t}, f_i|_{t+\Delta t})\} \end{array}\right\} \qquad (5.4-19)$$

损伤参数的选择是很重要的，过度损伤对计算收敛速度影响很大。应避免使损伤变量超过 0.99，这相当于材料刚度值降低了 99%。

（1）拉伸损伤。单轴拉伸损伤变量 d_t 可以以列表方式定义为开裂应变或开裂位移的函数。

（2）压缩损伤。单轴压缩损伤变量 d_c 可以以列表方式定义为非弹性应变（压碎应变）的函数。

（3）刚度恢复。如前所述，在周期荷载作用下，刚度恢复是混凝土力学行为中很重要的一个方面。ABAQUS 允许用户自定义刚度恢复因子 W_t 和 W_c。

大部分准脆性材料（包括混凝土）的试验结果表明，当荷载由拉伸变为压缩时，只要裂纹闭合就可使压缩刚度得到恢复。此外，一旦出现压碎微裂纹，当荷载由压缩变为拉伸时，拉伸刚度将不能恢复。这种行为模式相当于 $W_t=0$ 和 $W_c=1$。这两个值为 ABAQUS 缺省值。图 5.4-3 给出了单调周期荷作用下使用 ABAQUS 缺省值时的应力应变变化规律。

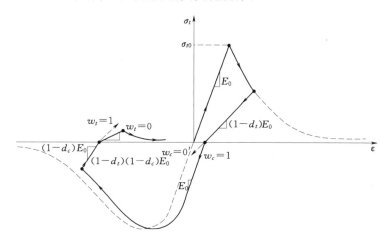

图 5.4-3　ABAQUS 缺省值下的单轴特征荷载应力应变关系曲线

5.4.5　混凝土塑性

（1）有效应力不变量。有效应力表示为

$$\bar{\sigma}=D_0^{el}:(\varepsilon-\varepsilon^{pl}) \tag{5.4-20}$$

塑性流动势函数和屈服面由两个有效应力不变张量表示，即静水压力：

$$\bar{p}=-\frac{1}{3}\mathrm{trace}(\bar{\sigma}) \tag{5.4-21}$$

和 Mises 等效有效应力：

$$\bar{q}=\sqrt{\frac{3}{2}(\bar{S}:\bar{S})} \tag{5.4-22}$$

式中：S 为有效应力偏量，定义为

$$\bar{S}=\bar{\sigma}+\bar{p}I \tag{5.4-23}$$

（2）塑性流动。混凝土损伤塑性模型采用非关联流动法则。模型中所采用的流动势 G 为 Drucker - Prager 抛物线函数，即

$$G = \sqrt{(\in \sigma_{r0} \tan\psi)^2 + \overline{q}^2} - \overline{p}\tan\psi \qquad (5.4-24)$$

式中：ψ 为 $p-q$ 平面上高围压下的剪胀角；σ_{r0} 为破坏时的单轴压力，由用户定义的拉伸硬化数据获得；$\in$ 为偏移量参数，给出了函数趋向于渐近线的速率（当该值趋向零时，流动势渐近于直线）。

流动势函数光滑连续，从而保证流动方向唯一。高围压下该函数接近于线性 Drucker - Prager 流动势，且与静水压力轴相交于 90°。

$\in$ 的缺省值为 0.1，它表示在很大的围压范围内材料几乎具有相同的剪胀角。增加 $\in$ 值使流动势面曲率更大，这意味着随着围压的降低剪胀角迅速增加。在低围压作用下，若 $\in$ 值比缺省值小很多可能导致计算收敛问题。

（3）屈服函数。模型考虑了在拉伸和压缩作用下材料具有不同的强度特征，该模型由 Lublinear 等（1989 年）提出，并由 Lee 和 Fenves（1998 年）修正。

（4）非相关联流动。因为塑性流动是非相关联的，应用损伤塑性模型将使材料刚度矩阵为非对称矩阵。因此，在 ABAQUS/Standard 中为了得到可接受的计算收敛速度，应该采用非对称矩阵存储和非对称计算方法求解。如果分析中采用了损伤塑性模型，则 ABAQUS/Standard 会自动激活非对称算法。当然，用户也可以在某些分析步中将其关闭。

（5）黏塑性正则法。在隐式分析程序中（如 ABAQUS/Standard），材料呈现软化和刚度弱化性状将使计算很难收敛。在本构方程中采用黏塑性规则化可以部分地解决这个问题。采用黏塑性可使混凝土损伤塑性规则化，因此允许应力进入屈服面之外。

混凝土损伤塑性力学模型可利用黏塑性进行调整，因此允许应力处于屈服面之外。根据黏塑性应变率张量对 Duvaut - Lions 法通用化，黏塑性应变率张量 ε_v^{pl} 的定义式为

$$\dot{\varepsilon}_v^{pl} = \frac{1}{\mu}(\varepsilon^{pl} - \varepsilon_v^{pl}) \qquad (5.4-25)$$

式中：μ 为黏塑性系统松弛时间的黏性参数；ε^{pl} 为在无黏性 Backbone 模型中计算得到的塑性应变。

类似地，对于黏塑性体系的黏性刚度衰减因子 d_v 的定义式为

$$\dot{d} = \frac{1}{\mu}(d - d_v) \qquad (5.4-26)$$

式中：d 为根据无黏性 Backbone 模型计算得到的弱化变量。

黏塑性模型中的应力应变关系为

$$\sigma = (1-d_v) D_0^d : (\varepsilon - \varepsilon_v^{pl}) \qquad (5.4-27)$$

当 $t/\mu \rightarrow \infty$（t 表示时间）时，得到无黏性时的结果。采用黏塑性规则时，在不牺牲计算精度的情况下，黏性参数取小值（与特征时间增量相比为小），通常有助于提高模型在软化段的收敛速率。可以将黏性参数包含在混凝土损伤塑性材料属性定义中。如果黏性参数值不为零，计算输出结果将包括 ε_v^{pl} 与 d_v，在 ABAQUS/Standard 中，黏性参数的默认值是零，在此情况下不会进行黏塑性规则化。

（6）材料阻尼。混凝土损伤塑性模型可以与材料阻尼联合使用。如果定义了阻尼比，ABAQUS 将基于无损弹性刚度计算阻尼应力。在高应变率下，严重损伤的单元会产生过大的人工阻尼力。

5.5　多线性随动强化模型

从数学角度考虑，对于偏微分方程边值或初值问题，如果域内的控制方程是线性方程，边界条件也是给定的线性条件，就是线性问题。线性有限元法就是依据线性问题的适定性提法可保证问题的解存在、唯一且稳定这一特点，而在工程界得到了广泛应用，但实际工程中遇到的问题大多数都是非线性问题，只有应用非线性理论才能得到符合实际的结果。目前非线性有限元法是解决非线性问题最有效的方法之一，其为工程应用奠定了理论基础。非线性有限元问题大致可分为 3 类，即材料非线性、几何非线性和边界非线性，而本书研究中所述的胶凝砂砾石料的力学特性属于材料非线性。

材料非线性是指材料由于具有非线性的应力应变关系而导致结构的非线性响应。而塑性是指在某种给定荷载下，材料产生永久变形的材料特性。对大多数的工程材料来说，当其应力低于比例极限时，应力应变关系是线性的。另外，大多数材料在其应力低于屈服点时，表现出弹性性质，也就是说，当移走荷载时，其应变也完全消失。由于屈服点和比例极限相差很小，因此在 ANSYS 程序中，假定它们相同。在应力应变的曲线中，低于屈服点的称作弹性部分，超过屈服点的称作塑性部分，也称作应变强化部分。塑性分析中考虑了塑性区域的材料特性。

塑性理论给出了材料弹塑性响应特性的数学关系。弹塑性增量理论由 3 个部分组成：屈服准则、流动法则和硬化法则。

5.5.1　屈服准则

屈服准则是一个可以用来与单轴测试的屈服应力相比较的应力状态的标量表示。屈服准则决定了屈服发生时的应力水平，对有多个分量的应力，它由应力的个别分量所组成的函数 $f(\{\sigma\})$ 来表示，该函数即为等效应力 σ_e：

$$\sigma_e = f(\{\sigma\}) \tag{5.5-1}$$

当等效应力等于材料屈服指标 σ_y 时，即

$$f(\{\sigma\}) = \sigma_y \tag{5.5-2}$$

材料就会产生塑性应变。如果 σ_e 小于 σ_y，则材料处于弹性状态，应力按照弹性应力应变关系发展。值得注意的是，等效应力永远不可能超过材料屈服点，这是因为当等效应力达到材料屈服点时，塑性应变就会立即发生，从而使等效应力降低到材料屈服点处。

式 (5.5-2) 可以被描绘在应力空间中，如图 5.5-1 所示的部分塑性选项。图 5.5-1 中的曲面即为屈服面，在屈服面内的任何应力状态都是弹性的，也就是说不会引起任何塑性应变。

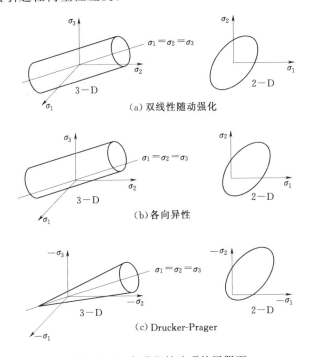

图 5.5-1　部分塑性选项的屈服面

5.5.2　流动法则

某些材料进入屈服后流动阶段比较长，可认为材料达到屈服、进入塑性阶段即发生塑性流动。基于这种观点，提出塑性流动时，其应变率与应力之间存在一定的关系，这种关系被称为塑性流动理论。目前对于屈服问题和塑性流动问题更一般的表达式是采用塑性势概念描述，且满足德鲁克公设（Drucker postulate) 的任意屈服准则。

某一应变-硬化材料的单元初始应力状态为 σ^*，在外力作用下到达屈服的应力状态 σ，若继续增加外力则会有无限小的增量 $d\sigma$ 产生。解除外力后，外力作用产生的附加应力亦随之解除。假设应力的变化是缓慢的，在此假设的前提下分析所做的功，得到德鲁克公理假设如下。

（1）在加载过程中，附加的应力做正功。

（2）附加应力作用和解除外力的循环中，假如发生残余的塑性变形，则所做的功为正，若变形纯粹是弹性的，则所做的功为零。

一般的应力情况下，该公理的数学表达式为

$$d\sigma_{ij}\,d\varepsilon_{ij}^p + (\sigma_{ij} - \sigma_{ij}^*)\,d\varepsilon_{ij}^p > 0 \qquad (5.5-3)$$

塑性流动规律是假设在塑性场内存在塑性势，并直接用塑性位势的概念给出：

$$d\varepsilon^p = d\lambda\,\frac{\partial Q}{\partial \sigma} \qquad (5.5-4)$$

式中：$d\lambda$ 为非负的比例因子，当 $\dfrac{\partial Q}{\partial \sigma}d\sigma > 0$ 时，$d\lambda > 0$，当 $\dfrac{\partial Q}{\partial \sigma}d\sigma < 0$ 时，$d\lambda = 0$。

式（5.5-5）为张量表达式，按三维应力空间展开，可表示为

$$\left.\begin{aligned}
d\varepsilon_1^p &= \frac{\partial Q}{\partial \sigma_1}d\beta\\[4pt]
d\varepsilon_2^p &= \frac{\partial Q}{\partial \sigma_2}d\beta\\[4pt]
d\varepsilon_3^p &= \frac{\partial Q}{\partial \sigma_3}d\beta
\end{aligned}\right\} \qquad (5.5-5)$$

由此

$$d\varepsilon_1^p : d\varepsilon_2^p : d\varepsilon_3^p = \frac{\partial Q}{\partial \sigma_1} : \frac{\partial Q}{\partial \sigma_2} : \frac{\partial Q}{\partial \sigma_3}$$

式中：Q 为塑性势；$\dfrac{\partial Q}{\partial \sigma}$ 为势函数 Q 在三维应力空间的梯度矢量。

考虑到材料各向同性，$d\varepsilon_1^p$、$d\varepsilon_2^p$、$d\varepsilon_3^p$ 3 个方向可以轮换，因此选取的势函数 Q 应为应力对函数或 3 个应力不变量函数。另外还要满足塑性变形体积不变，即

$$d\varepsilon_1^p + d\varepsilon_2^p + d\varepsilon_3^p = 0 \qquad (5.5-6)$$

如果屈服函数 f 是连续可微的，它的势函数 Q 必是应力的同一函数。

5.5.3 硬化法则

硬化条件，需满足式（5.5-7）：

$$f(\sigma) = C \qquad (5.5-7)$$

式中：C 为瞬时塑性应变的函数，在等向强化时表示随着加载过程而扩大成一组屈服面。

取每一瞬时屈服面为某一常数，这组瞬时屈服面即塑性位势的等势面。由于屈服函数恒为正值，且随塑性变形程度而增大，故塑性变形场中势函数的梯度矢量沿屈服面法线指向增大的方向。因此，塑性应变增量应沿着瞬态屈服面的外法线，在几何上它表示塑性应变增量矢量与屈服面正交，即

$$d\varepsilon_p = d\lambda \frac{\partial f}{\partial \sigma} \qquad (5.5-8)$$

故式（5.5-8）又称为正交法则。

式（5.5-4）与式（5.5-8）比较发现，在某些条件下，塑性流动被称为关联塑性，但若 $Q \neq f$ 则称为非关联塑性。

对于理想塑性材料，到达塑性状态以后，屈服条件不变，即认为荷载继续增加时，应力不再增加，表示屈服轨迹（屈服面）的大小、位置不变。若是硬化材料则情况就不同了，前面的屈服条件只能表示初始屈服，而后继屈服规律可以表示为

$$f(\sigma, \sigma_p, \kappa) = 0 \qquad (5.5-9)$$

或

$$f(\sigma, \bar{\varepsilon}_p, \kappa) = 0 \qquad (5.5-10)$$

式中：σ 为六维应力矢量；σ_p 为塑性应力矢量，即 $\sigma_p = D\bar{\varepsilon}_p$；$\bar{\varepsilon}_p$ 为等效塑性应变；κ 为硬化参数，它可以用塑性功 W_p 或等效塑性应变 $\bar{\varepsilon}_p$ 或塑性应变位势 Q 表示。

屈服面随 k 和 σ_p 而变化的规律称为硬化（强化）规律。依据实验资料，先后建立了各种后继屈服面变化的模型，称为硬化（强化）模型。典型的有等向强化模型和随动强化模型（图5.5-2）。等向强化表示它的屈服面做均匀扩大，而空间位置不变，它表示为后继屈服面仅决定于一个参数 k，$f(\sigma, \kappa) = 0$。

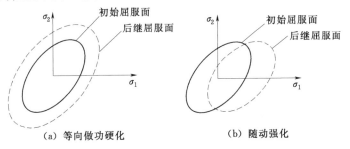

(a) 等向做功硬化　　　　　　　　(b) 随动强化

图 5.5-2　强化模型

如果采用 Mises 屈服准则，则等向强化的后继屈服函数可表示为

$$
\left.
\begin{aligned}
&F(\sigma_{ij}, \kappa) = f - \kappa = 0 \\
&f = \frac{1}{2} S_{ij} S_{ij} \\
&\kappa = \frac{1}{3} \sigma_s^2(\bar{\varepsilon}_p)
\end{aligned}
\right\} \tag{5.5-11}
$$

而随动强化表示在塑性变形发展时，屈服面的大小和形状不变，屈服面在应力空间中做平动。其后继屈服函数可表示为

$$
f(\sigma, \sigma_p) = 0
$$

如果采用 Mises 屈服准则，则 Prager 随动强化的后继屈服函数为

$$
\left.
\begin{aligned}
&F(\sigma_{ij}, \alpha) = f - \kappa_0 = 0 \\
&f = \frac{1}{2}(S_{ij} - \alpha_{ij})(S_{ij} - \alpha_{ij}) \\
&\kappa = \frac{1}{3}\sigma_{s0}^2
\end{aligned}
\right\} \tag{5.5-12}
$$

式中：α_{ij} 为应力空间移动张量，其方向是沿现时应力点的法线方向。

塑性问题处理还存在加载、卸载准则，用以判别从某一塑性状态出发是继续塑性加载还是弹性卸载，这是计算过程中判别是否继续塑性变形以及决定是采用弹塑性本构关系还是采用弹性本构关系所必需的，该准则可以表述如下。

（1）若 $\dfrac{\partial f}{\partial \sigma} \mathrm{d}\sigma > 0$，则继续塑性加载。

（2）若 $\dfrac{\partial f}{\partial \sigma} \mathrm{d}\sigma > 0$，则由塑性加载进入弹性卸载。

（3）若 $\dfrac{\partial f}{\partial \sigma} \mathrm{d}\sigma > 0$，则对于理想弹塑性材料是塑性加载，在此条件下可以继续塑性流动；对于硬化材料，此情况是中性变载，即仍保持在塑性状态，但不发生新的塑性流动（$\mathrm{d}\bar{\varepsilon}_p = 0$）。

上述中的 $\dfrac{\partial f}{\partial \sigma}$，视按不同材料特性而采用的屈服函数形式而定。对于理想塑性材料和采用等向硬化法则的材料，则 $\dfrac{\partial f}{\partial \sigma} = S$；对于采用随动强化法则和混合强化法则的材料，则

$$\frac{\partial f}{\partial \sigma} = S - \bar{\alpha} \qquad (5.5-13)$$

式中：$\bar{\alpha}$ 为屈服面中心在应力空间中的移动张量 α 的偏斜张量，即 $\bar{\alpha} = \alpha - \alpha_m \delta_{ij}$。

5.5.4　弹塑性本构关系

增量理论认为材料屈服后，进入塑性状态即发生塑性流动，而提出的基本观点是应变率与应力之间存在一定的关系，或更一般地说是应变增量与应力偏量之间存在一定的关系。后来普朗特-路埃斯（Prandtl - Reuss）指出塑性应变增量的偏量与应力偏量之间成比例关系，即 $de_{ij}^p = d\lambda S_{ij}$，此即为上述增量理论中最基本的关系式，它与全量理论一样，也是在一定条件下（即假设）满足的。增量理论的基本假设如下。

（1）主伸长增量（速度）的主方向与主应力重合。

（2）体积变形的变化与平均压力成正比，而且完全是弹性的。

（3）应力偏量与应变增量（速度）成比例。

（4）应力强度是变形增量（速度）强度的函数，对于理想塑性材料，应力强度是个常数。

普朗特-路埃斯理论是在列维-密赛斯（Levy - Mises）理论的基础上发展的。普朗特-路埃斯提出在塑性区域应记入弹性应变部分，即总应变增量偏量的分量由弹性和塑性两部分组成。

对式（5.5-12）微分可得

$$\frac{\partial f}{\partial \sigma_{ij}} d\sigma_{ij} - \frac{2}{3} \sigma_s \frac{d\sigma_s}{d\bar{\varepsilon}_p} d\bar{\varepsilon}_p = 0 \qquad (5.5-14)$$

其中

$$\frac{\partial f}{\partial \sigma_{ij}} = S_{ij}$$

$$\frac{d\sigma_s}{d\bar{\varepsilon}_p} = E_p$$

$$d\bar{\varepsilon}_p = \left(\frac{2}{3} d\varepsilon_{ij}^p d\varepsilon_{ij}^p \right)^{\frac{1}{2}} = d\lambda \left(\frac{2}{3} \frac{\partial f}{\partial \sigma_{ij}} \frac{\partial f}{\partial \sigma_{ij}} \right)^{\frac{1}{2}} = \frac{2}{3} d\lambda \sigma_s \qquad (5.5-15)$$

在小应变情况下，应变增量包括弹性和塑性部分，即

$$d\bar{\varepsilon}_p = d\varepsilon_{ij}^e + d\varepsilon_{ij}^p \qquad (5.5-16)$$

于是利用弹性应力应变关系，可将 $d\sigma_{ij}$ 表示为

$$d\sigma_{ij} = D_{ijkl}^e d\varepsilon_{ij}^e = D_{ijkl}^e (d\varepsilon_{kl} - d\varepsilon_{kl}^p) = D_{ijkl}^e d\varepsilon_{kl} - D_{ijkl}^e d\varepsilon_{kl}^p \qquad (5.5-17)$$

其中

$$D_{ijkl}^e = 2G \left[\delta_{ik} \delta_{jl} + \frac{\mu}{1 - 2\mu} \delta_{ij} \delta_{kl} \right]$$

式（5.5-17）的 $d\varepsilon_{kl}^p$ 实际上可以看成初应变。将此式代入式（5.5-14），

经整理可得

$$d\lambda = \frac{\dfrac{\partial f}{\partial \sigma_{ij}} D^e_{ijkl} \, d\varepsilon_{kl}}{\dfrac{\partial f}{\partial \sigma_{ij}} D^e_{ijkl} \dfrac{\partial f}{\partial \sigma_{kl}} + \dfrac{4}{9}\sigma_s^2 E^p} \qquad (5.5-18)$$

将式（5.5-18）回代至式（5.5-17），则可得到应力应变的增量关系式

$$d\sigma_{ij} = D^{ep}_{ijkl} \, d\varepsilon_{kl} \qquad (5.5-19)$$

其中

$$D^{ep}_{ijkl} = D^e_{ijkl} - D^p_{ijkl} \qquad (5.5-20)$$

D^p_{ijkl} 称为塑性矩阵，它的一般表达式为

$$D^p_{ijkl} = \frac{D^e_{ijmn} \dfrac{\partial f}{\partial \sigma_{mn}} D^e_{rskl} \dfrac{\partial f}{\partial \sigma_{rs}}}{\dfrac{\partial f}{\partial \sigma_{ij}} D^e_{ijkl} \dfrac{\partial f}{\partial \sigma_{kl}} + \dfrac{4}{9}\sigma_s^2 E^p} \qquad (5.5-21)$$

对于九维应力空间，利用式（5.5-17）中的 D^e_{ijkl} 表达式和式（5.5-18），式（5.5-21）可以简化为

$$d\lambda = \frac{\dfrac{\partial f}{\partial \sigma_{ij}} d\varepsilon_{ij}}{\dfrac{2\sigma_s^2}{9G}(3G+E^p)} \qquad (5.5-22)$$

$$D^p_{ijkl} = \frac{S_{ij} S_{kl}}{\dfrac{\sigma_s^2}{9G^2}(3G+E^p)} \qquad (5.5-23)$$

关于 $d\lambda$ 和 D^p_{ijkl} 的一般表达式（5.5-20）[或式（5.5-22）]与式（5.5-21）[或式（5.5-23）]对其他硬化材料也是适用的。

对于随动强化材料，$\dfrac{\partial f}{\partial \sigma_{ij}} = S_{ij} - \bar{\alpha}_{ij}$，$\sigma_s = \sigma_{s0}$，所以有

$$\left. \begin{array}{l} d\lambda = \dfrac{(S_{ij} - \bar{\alpha}_{ij}) d\varepsilon_{ij}}{\dfrac{2\sigma_{s0}^2}{9G^2}(3G+E^p)} \\[4mm] D^p_{ijkl} = \dfrac{(S_{ij} - \bar{\alpha}_{ij})(S_{kl} - \bar{\alpha}_{kl})}{\dfrac{\sigma_{s0}^2}{9G^2}(3G+E^p)} \end{array} \right\} \qquad (5.5-24)$$

5.5.5 边值问题的数值解法

求解非线性方程式（5.5-24）的数值方法中，最著名的是牛顿-拉斐逊法，简称 N-R 法。

$$\varphi(u) = K(u)u - F = 0 \qquad (5.5-25)$$

任何具有一阶导数的连续函数 $\psi(u)$，在 u^n 点做一阶泰勒（Taylor）展

开，它在 u^n 点的线性近似公式为

$$\psi(u) \approx \psi(u^n) + \left(\frac{\partial \psi}{\partial u}\right)^n (u - u^n) \qquad (5.5-26)$$

令 $R = K(u)u$，则式（5.5-26）为

$$\psi(u) \approx \psi(u^n) + \left(\frac{\partial R}{\partial u}\right)^n (u - u^n) \qquad (5.5-27)$$

由此，非线性方程 $\psi(u) = 0$ 在 u^n 点附近的近似方程改写成线性方程：

$$\psi(u^n) + \left(\frac{\partial R}{\partial u}\right)^n (u - u^n) = 0 \qquad (5.5-28)$$

由于一般情况下，$\left(\frac{\partial R}{\partial u}\right)^n \neq 0$，它的解为

$$\left. \begin{aligned} \nabla u^{n+1} &= -\left[\left(\frac{\partial R}{\partial u}\right)^n\right]^{-1} \psi(u^n) \\ u^{n+1} &= u^n + \nabla u^{n+1} \end{aligned} \right\} \qquad (5.5-29)$$

这就是 N-R 法的迭代公式。

应用 N-R 法求解非线性方程组时，在迭代过程中的每一步都必须计算 $\left(\frac{\partial R}{\partial u}\right)^n$ 矩阵，并求它们的逆矩阵，计算工作量很大，故对其进行了修正，即修正牛顿法。修正牛顿法在计算中将每一次迭代中 $\left(\frac{\partial R}{\partial u}\right)^n$ 均采用 $\left(\frac{\partial R}{\partial u}\right)^0$ 替代，即将式（5.5-29）改为

$$\left. \begin{aligned} \nabla u^{n+1} &= -\left[\left(\frac{\partial R}{\partial u}\right)^0\right]^{-1} \psi(u^n) \\ u^{n+1} &= u^n + \nabla u^{n+1} \end{aligned} \right\}$$

修正后的算法不必每一次都形成 $\left(\frac{\partial R}{\partial u}\right)^n$，只需计算一次 $\left(\frac{\partial R}{\partial u}\right)^0$，并进行三角分解，每次迭代只需对 $\psi(u^n)$ 进行回代，提高了计算效率。

5.6 本构模型对比分析

为了将不同的本构模型进行对比，选择同一坝体剖面形式进行分析。

（1）数值模型。

1）坝体尺寸：坝顶宽6m，坝高61.6m，上游水位与坝顶齐平，水荷载直接作用于上游边坡，不考虑扬压力。

2）地基尺寸：上、下游和地基深度各取1倍坝高。

大坝断面如图5.6-1所示。

（2）计算参数。

1）坝体：坝体容重 23.2kN/m³，E、ν 分别为 5GPa 和 0.20。坝体施工考虑分级加载，从地基以上每 2m 一级。

2）地基：按线弹性材料考虑，容重 20.2kN/m³，E、ν 分别为 7GPa 和 0.24。

（3）计算工况。

1）工况 1：计算坝体正常状态。

2）工况 2：上游坡比变陡。

工况参数见表 5.6-1。

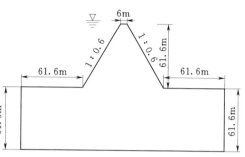

图 5.6-1　大坝断面图

表 5.6-1　　　　　　　　　　工 况 参 数 表

项　　目	上游坡比	下游坡比
工况 1	1：0.6	1：0.6
工况 2	1：0.3	1：0.6

5.6.1　邓肯-张本构模型

5.6.1.1　虚加刚性弹簧的弹性模量的确定

根据前面章节虚加刚性弹簧法的基本原理，虚加刚性弹簧的弹性模量取实际应力应变曲线的 1 倍和 2 倍最大负弹性模量，绝对值分别为 126MPa 和 252MPa，得到如图 5.6-2 所示的新应力应变曲线。

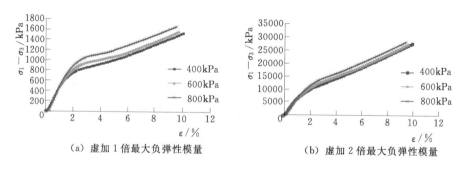

（a）虚加 1 倍最大负弹性模量　　　　　（b）虚加 2 倍最大负弹性模量

图 5.6-2　虚加刚性弹簧后的应力应变曲线

从图 5.6-2 可以看出，偏应力 $\sigma_1 - \sigma_3$ 随着轴向应变 ε 的增大而增大，偏应力峰值及应变软化阶段都不存在，曲线在 5% 应变内与双曲线符合良好，可近似看作为双曲线。在同一配合比下，胶凝砂砾石材料的偏应力值随着围压的增大而增大，且在应变大于9％以后，呈现一组基本平行的、接近于直线的曲线组，由于胶凝砂砾石材料基本由胶凝材料固结为整体，适应变形模量较小，当应变达到9％时，材料完全破坏达到残余强度，因此，采用虚加刚性强度法可较好地模拟坝体实际应力状态。

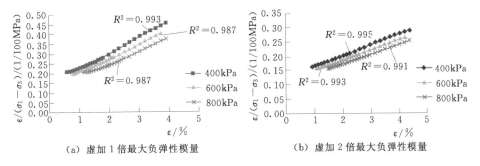

（a）虚加1倍最大负弹性模量　　　　（b）虚加2倍最大负弹性模量

图 5.6-3　$\varepsilon/(\sigma_1-\sigma_3)$-$\varepsilon$ 关系曲线

对于图5.6-2中的应力应变曲线，以 ε 为横坐标，$\varepsilon/(\sigma_1-\sigma_3)$ 为纵坐标，在新的坐标系下的关系曲线如图5.6-3所示。由图5.6-3可以看出，$\varepsilon/(\sigma_1-\sigma_3)$ 与 ε 基本满足直线关系，并用直线 $y=ax+b$ 进行拟合，其相关系数均在0.980以上时，ε 对应的区间分别为1.58～3.74 和1.20～4.08，在此区间内材料的抗剪强度达到最大值。

从图5.6-3可以看出，$\varepsilon/(\sigma_1-\sigma_3)$ 与 ε 基本满足直线关系，用直线 $y=a+bx$ 进行拟合，直线方程和相关系数见表5.6-2。

表 5.6-2　　　　　$\varepsilon/(\sigma_1-\sigma_3)$ 与 ε 直线拟合方程和相关系数

σ_3 /kPa	虚加1倍最大负弹性模量		虚加2倍最大负弹性模量	
	直线方程 （a 为截距，b 为斜率）	相关系数 R^2	直线方程 （a 为截距，b 为斜率）	相关系数 R^2
400	$y=0.078x+0.116$	0.993	$y=0.039x+0.123$	0.995
600	$y=0.068x+0.112$	0.987	$y=0.036x+0.118$	0.993
800	$y=0.063x+0.100$	0.987	$y=0.033x+0.112$	0.991

由表5.6-2可知：①$\varepsilon/(\sigma_1-\sigma_3)$ 与 ε 能很好地满足线性关系；②当胶凝材料含量、水胶比、砂率都相同时，拟合直线的截距 a 值随着围压 σ_3 的增大而减小，又 $a=1/E_1$，即 a 为初始变形模量的倒数，这同时说明随着围压 σ_3 的不断增加，胶凝砂砾石材料的初始变形模量 E_1 逐渐增大，同时随着围压的不断增大，拟合直线的斜率 b 逐渐减小，又 $b=1/(\sigma_1-\sigma_3)_{ult}$，这也表明随着围压的增长，胶凝砂砾石材料的极限偏应力 $(\sigma_1-\sigma_3)_{ult}$ 值增大。

鉴于图 5.6-3 中 $\varepsilon/(\sigma_1-\sigma_3)$ 与 ε 能较好地符合直线关系，所以在虚加不同最大负弹性模量时，用双曲线来拟合各级围压下虚加弹簧后的应力应变曲线，如图 5.6-4 所示，设双曲线方程为

$$\sigma_1-\sigma_3=\frac{\varepsilon}{a+b\varepsilon} \tag{5.6-1}$$

式中：a 和 b 为试验常数，分别是表 5.6-2 中拟合直线的截距和斜率。

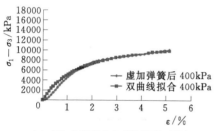

(a) 虚加1倍最大负弹性模量，围压400kPa

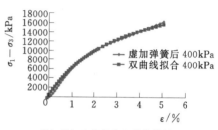

(b) 虚加2倍最大负弹性模量，围压400kPa

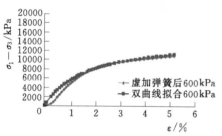

(c) 虚加1倍最大负弹性模量，围压600kPa

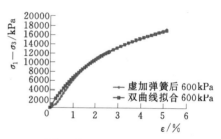

(d) 虚加2倍最大负弹性模量，围压600kPa

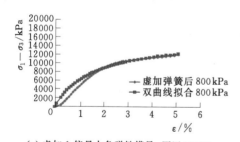

(e) 虚加1倍最大负弹性模量，围压800kPa

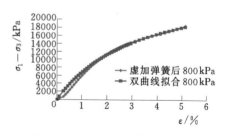

(f) 虚加2倍最大负弹性模量，围压800kPa

图 5.6-4 不同围压下双曲线拟合

为了便于比较分析，现将双曲线拟合后的曲线绘于同一图中，如图 5.6-5 所示。

从图 5.6-4 和图 5.6-5 可以看出：①拟合后的曲线基本满足双曲线模型要求，此时的曲线已不存在应变软化阶段；②当胶凝材料含量、水胶比、砂率相同时，胶凝砂砾石材料的抗剪强度值随着围压的增大而增加；③在相同的配

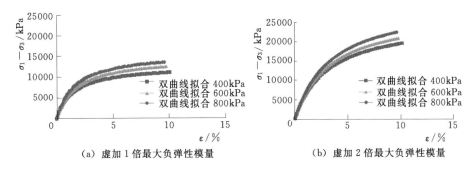

（a）虚加 1 倍最大负弹性模量　　　　　　（b）虚加 2 倍最大负弹性模量

图 5.6-5　拟合后的曲线

合比下，随着围压的增加，曲线与双曲线拟合越来越不好，相关系数 R^2 逐渐减小。

比较虚加 1 倍和 2 倍最大负弹性模量可以看出：①虚加 2 倍最大负弹性模量时，双曲线拟合相关系数在 0.95 以上时对应的区间为 1.20～4.08，而虚加 1 倍最大负弹性模量时对应的区间为 1.58～3.74，由此可见，虚加 2 倍最大负弹性模量时，双曲线模拟实际应力应变曲线的区间更大；②从图 5.6-4 可以看出，虚加 2 倍最大负弹性模量时双曲线在材料发生破坏前的过程拟合的更好，能更真实地反应材料的破坏阶段；③虚加 2 倍最大负弹性模量时，曲线翘起时对应的应变值更小，较符合邓肯-张模型。

5.6.1.2　邓肯-张双曲线模型参数的确定

虚加弹簧法拟合的试验曲线满足邓肯-张双曲线模型，模型共有 k、n、R_f、c、φ、F、G、D 8 个参数，其中 k、n、R_f、c、φ 5 个参数可以根据邓肯-张双曲线模型切线模量 E_t 来求取，F、G、D 3 个参数参照切线泊松比 v_t 来求取。

（1）c、φ 值的确定。从胶凝砂砾石材料三轴试验曲线（图 5.1-1）可以看出，当曲线达到峰值强度时对应的峰值应变大概在 2.5% 左右。

根据图 5.6-2 双曲线的拟合情况，取 2.5% 应变时所对应的 σ_3 与 $\sigma_1-\sigma_3$，可得出该配合比下材料的抗剪强度参数，见表 5.6-3。

表 5.6-3　　　　　　　　　胶凝砂砾石材料 c、φ 值

围压 /kPa	$\sigma_1-\sigma_3$ /kPa	圆心 $\dfrac{\sigma_1+\sigma_3}{2}$ /kPa	半径 $\dfrac{\sigma_1-\sigma_3}{2}$ /kPa	c/kPa	$\varphi/(°)$
400	11338	6069	5669		
600	12019	6610	6010	2237	40.8
800	12853	6427	6427		

（2）R_f 值的确定。结合双曲线的拟合情况，破坏时的应变值取为 4%。由式（5.2-12）得

$$(\sigma_1 - \sigma_3)_f = \frac{2c\cos\varphi + 2\sigma_3\sin\varphi}{1 - \sin\varphi}$$

$$(\sigma_1 - \sigma_3)_u = \frac{1}{b}$$

式中：b 为表 5.6-2 拟合直线的斜率。

由 $R_f = \dfrac{(\sigma_1 - \sigma_3)_f}{(\sigma_1 - \sigma_3)_u}$ 可以算出胶凝砂砾石材料在不同围压下所对应的 R_f 值，见表 5.6-4。

表 5.6-4　　　　　　　　　　R_f　值　计　算　表

c /kPa	φ /(°)	σ_3 /kPa	$(\sigma_1 - \sigma_3)_f$ /MPa	$(\sigma_1 - \sigma_3)_u$ /MPa	R_f	R_f 平均值
2237	40.8	400	11.3	14.34	0.79	0.79
		600	12.0	15.27	0.79	
		800	12.8	16.39	0.78	

（3）k、n 值的确定。$\lg(E_i/p_a)$ 与 $\lg(\sigma_3/p_a)$ 的关系曲线及拟合曲线如图 5.6-6 所示，k、n 值的求取见表 5.6-5。

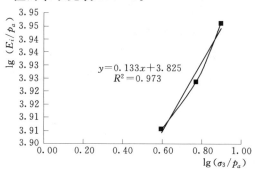

图 5.6-6　$\lg(E_i/p_a)$ 与 $\lg(\sigma_3/p_a)$ 的
关系曲线及拟合曲线

表 5.6-5　　　　　　　　　　k、n　值　计　算　表

σ_3 /kPa	a /(1/100MPa)	E_i /(10^2MPa)	$\lg(k)$	k	n
400	0.123	8.13	3.825	6683.4	0.133
600	0.118	8.47			
800	0.112	8.93			

5.6.1.3　初始切线泊松比 ν_i 的确定

邓肯-张模型中体积应变和侧向应变的计算式为

$$\varepsilon_v = \frac{\Delta V}{V_c} \tag{5.6-2}$$

$$\varepsilon_v = \varepsilon_1 + 2\varepsilon_3 \tag{5.6-3}$$

$$\varepsilon_3 = \frac{\varepsilon_v - \varepsilon_1}{2} \tag{5.6-4}$$

式中：ε_v 为试样在剪切过程当中的体积应变，%；ΔV 为试样在剪切过程当中的体积变化，cm^3；V_c 为试样固结后的体积，cm^3；ε_1 为轴向应变，%；ε_3 为侧向应变，%。

不同围压下的体积应变 ε_v 与轴向应变 ε_1 的关系曲线如图 5.6-7 所示。

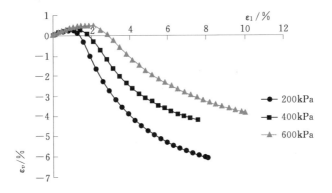

图 5.6-7　轴向应变与体积应变的关系曲线

以侧向应变 $-\varepsilon_3$ 为横轴，侧向应变与轴向应变的比值 $-\varepsilon_3/\varepsilon_1$ 为纵轴，将相应的曲线画于图 5.6-7 中，$-\varepsilon_3/\varepsilon_1$ 与 $-\varepsilon_3$ 为线性关系 [图 5.6-8 (a)]，以此为基础，将图 5.6-9 中的曲线进行线性拟合，直线的斜率即为参数 D，截距为 f，也就是初始切线泊松比 ν_i。

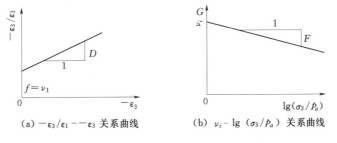

(a) $-\varepsilon_3/\varepsilon_1 - -\varepsilon_3$ 关系曲线　　(b) $\nu_i - \lg(\sigma_3/p_a)$ 关系曲线

图 5.6-8　$-\varepsilon_3/\varepsilon_1 - -\varepsilon_3$ 和 $\nu_i - \lg(\sigma_3/p_a)$ 关系曲线

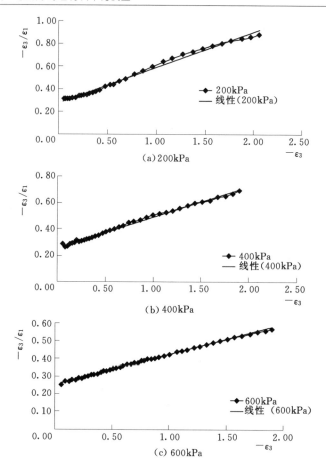

图 5.6-9 不同围压时 $-\varepsilon_3/\varepsilon_1 - -\varepsilon_3$ 关系曲线

图 5.6-9 可显示出曲线与线性关系的一致性，相关系数均在 0.95 以上，现将拟合直线方程、相关系数、初始切线泊松比及 D 值列于表 5.6-6 中。

表 5.6-6 　　　　　　　　　　初始切线泊松比求取

σ_3/kPa	直线拟合方程	相关系数	初始切线泊松比	D	D 平均值
200	$y=0.317x+0.273$	0.991	0.273	0.317	
400	$y=0.239x+0.259$	0.992	0.259	0.239	0.24
600	$y=0.168x+0.250$	0.995	0.250	0.168	

如图 5.6-8（b）所示，以 $\lg(\sigma_3/p_a)$ 为横坐标，ν_i 为纵坐标，将二者相关的曲线列于图 5.6-10 中，二者满足线性关系，对所得曲线进行线性拟合。

从图 5.6-10 中可以看出，曲线基本满足线性关系，对其拟合后相关系数仍在 0.95 以上，该配合比下泊松比相关参数见表 5.6-7。

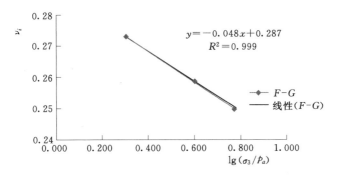

图 5.6 - 10　ν_i - lg(σ_3/p_a) 关系曲线

表 5.6 - 7　　　　　　　　　　泊 松 比 参 数 求 取

水泥含量 /(kg/m³)	粉煤灰含量 /(kg/m³)	水胶比	砂率	σ_3 /kPa	初始切线 泊松比	D	F	G
50	40	1.58	0.418	200	0.273	0.24	0.05	0.29
				400	0.259			
				600	0.250			

5.6.1.4　成果分析

对工况 1 和工况 2 进行应力与位移分析，计算所得的应力与位移等值线图如图 5.6 - 11～图 5.6 - 18 所示。

(1) 工况 1。

1) 坝体应力结果（压为正，拉为负）。坝体压应力的最大值为 1.14MPa，出现位置在坝底中部；坝体拉应力的最大值为 0.13MPa，出现位置在上游坝踵处，是由坝体应力集中引起的。

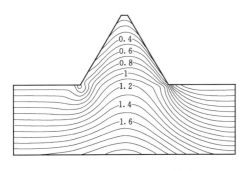

图 5.6 - 11　压应力 σ_1 等值线图
（单位：MPa）

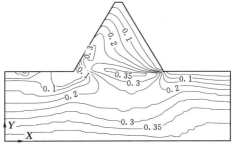

图 5.6 - 12　拉应力 σ_3 等值线图
（单位：MPa）

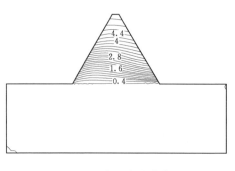

图 5.6-13　水平位移等值线图
（单位：cm）

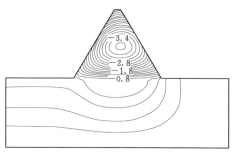

图 5.6-14　垂直位移等值线图
（单位：cm）

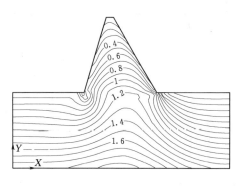

图 5.6-15　压应力 σ_1 等值线图
（单位：MPa）

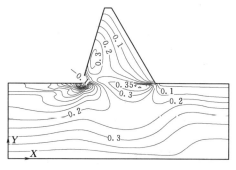

图 5.6-16　拉应力 σ_3 等值线图
（单位：MPa）

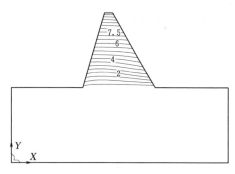

图 5.6-17　水平位移等值线图
（单位：cm）

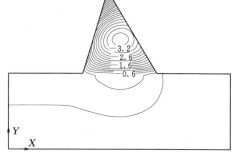

图 5.6-18　垂直位移等值线图
（单位：cm）

2）坝体变形结果。坝体水平位移的最大值为 5.13cm，出现位置在坝顶下游侧；坝体垂直位移的最大值为 3.65cm，出现位置在 1/3～1/2 坝高处。

（2）工况 2。

1）坝体应力结果（压为正，拉为负）。坝体压应力的最大值为 1.19MPa，出现位置在坝底略向下游侧；坝体拉应力的最大值为 0.33MPa，出现位置在上游坝踵局部单元，是由坝体边坡变陡，应力集中引起的。

2）坝体变形结果。坝体水平位移的最大值为 11.04cm，出现位置在坝顶下游侧；坝体垂直位移的最大值为 3.51cm，出现位置在 1/3～1/2 坝高处。

5.6.2 摩尔-库仑软化模型

5.6.2.1 坝体数值模拟

（1）施工过程模拟。摩尔-库仑软化模型要求在计算时首先要确定加载前的初始应力状态。对于胶凝砂砾石坝而言，由于是逐渐填筑分级加载，所以每一级新填筑坝体的初始应力状态对该级坝体的加载有明显影响。因此，如何确定每一级坝体的初始应力状态就成为数值模拟首先要解决的问题。

目前，关于初始应力状态的确定，主要有以下几种方法。

方法1：假定以每一级新填筑坝体完成时的自重应力为初始应力计算初始弹性常数。

方法2：假定以一个标准大气压的值为初始应力，采用静水压力状态计算初始弹性常数。

方法3：假定新填筑坝体为超固结状态，采用前期最大固结压力计算初始弹性常数。

单从力学意义上，方法3比较合理。因为对于每一级新填筑坝体，碾压过程中的碾压力即为前期固结压力，碾压后的填筑层处于超固结状态，考虑到应力历史的影响，用前期固结压力计算初始弹性常数。

在模拟填筑过程中，值得注意的是，在每一级加载过程结束的时候应该进行当前填筑层顶部应力应变的修平；或者，在每一级加载过程开始的时候应该进行前一填筑层顶部（即当前填筑层底部）应力应变的修平。

坝体的施工实际上是一个"填方"过程。对于每一阶段的"填方"而言，在填筑过程中，填筑层顶部由于碾压和坝体自重作用将产生沉陷。当这一阶段填筑结束后，坝体顶部就是一个自由面，可以认为不再产生沉陷。当下一阶段的填筑开始后，该自由面就成为新填筑层的底部，此时，该自由面不存在应力和应变。其将要产生的应力和应变是由后续新填筑层引起的，而不是由前一填筑层引起的。但是，按照数值分析，在每一级填筑完毕的时候，该填筑层的顶部是有应力和应变的，不是"自由"的。因此，在数值计算中必须考虑在每一级填筑结束的时候对该填筑层的顶部应力、应变进行修平，使其成为零应力应变状态。否则，后续坝体的填筑还没有开始就会在新填筑层底部产生非零的应力应变，该层坝体的应力应变情况将因此发生明显变化，与实际的施工情况相差甚远。当然，也可以在新的一级填筑开始的时候对前一填筑层顶部（即当前填筑层底部）进行修平。

（2）蓄水过程模拟。在坝体填筑完成后，采用一次性在上游坝面施加水荷载。坝基底部采用全约束，周围采用法向约束。

5.6.2.2 计算成果分析

基于摩尔-库仑软化模型对工况1和工况2进行应力与位移分析，计算所得的应力与位移分布如图5.6-19～图5.6-26所示。

（1）工况1。

1）坝体应力结果（压为负，拉为正）。坝体最大压应力为1.05MPa，位于坝底中间位置，沿顺水流方向应力的分布形式为抛物线形，即应力由上游坝踵到下游坝趾呈现出逐渐增大然后再减小的趋势。坝体最大拉应力为0.08MPa，位于上游坝踵处。

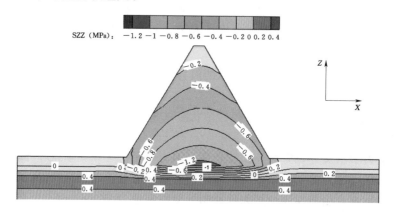

图5.6-19 压应力云图

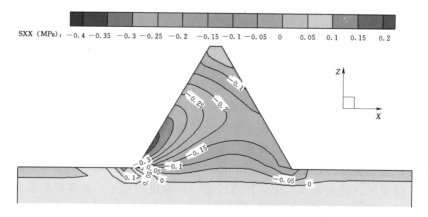

图5.6-20 拉应力云图

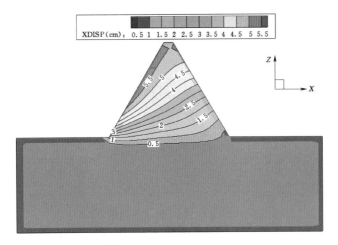

图 5.6 - 21　水平向位移图

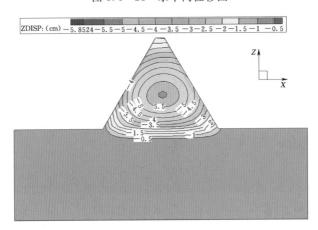

图 5.6 - 22　竖向位移图

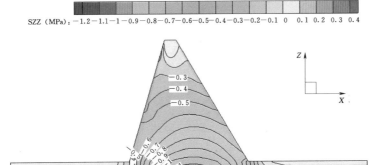

图 5.6 - 23　压应力云图

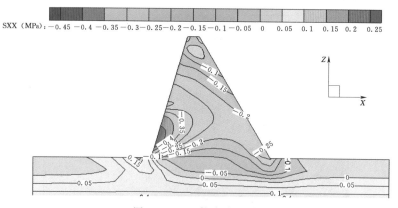

图 5.6 - 24　拉应力云图

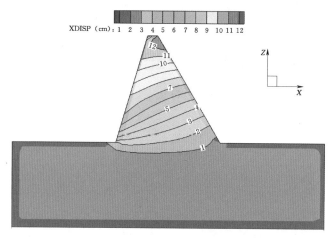

图 5.6 - 25　水平向位移图

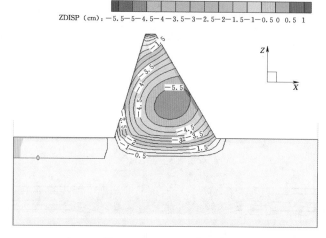

图 5.6 - 26　竖向位移图

2）坝体变形结果。施加水压力后，上游坝坡位移增大，最大值为5.50cm。坝顶最大位移为5.20cm，倾向下游。最大竖向位移为5.80m，出现在坝体内部，距离坝基面1/3～1/2坝高处。

（2）工况2。

1）坝体应力结果（压为负，拉为正）。坝体最大压应力为1.00MPa，位于坝底偏下游侧，坝基面应力由上游坝角到下游坝址呈现出先增大再减小的趋势。坝体最大拉应力为0.10MPa，位于上游坝踵处；其他部位无拉应力。

2）坝体变形结果。最大水平向位移为12.00cm，出现位置在坝顶。最大竖向位移为5.50cm，出现在坝体内部，位置在1/3～1/2坝高处，且偏向下游。

5.6.3 弹塑性损伤模型

基于弹塑性损伤模型对工况1和工况2进行应力与位移分析，计算所得的应力与位移分布如图5.6-27～图5.6-34所示。

（1）工况1。

1）坝体应力结果（压为负，拉为正）。压应力最大值为1.56MPa，出现位置在坝底中部。拉应力最大值为0.46MPa，出现位置在上游坝踵处。

2）坝体变形结果。水平向位移最大值为1.08cm，出现位置在坝顶处。竖向位移最大值为2.36cm，出现位置在坝底中部。

（2）工况2。

1）坝体应力结果（压为负，拉为正）。压应力最大值为1.87MPa，出现位置在坝底中部。拉应力最大值为0.57MPa，出现位置在上游坝踵处。

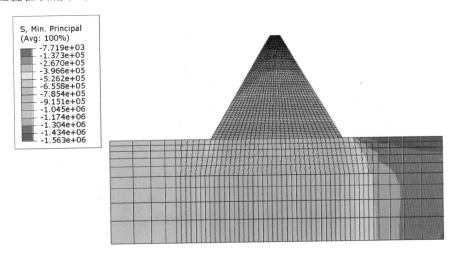

图5.6-27 压应力云图

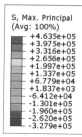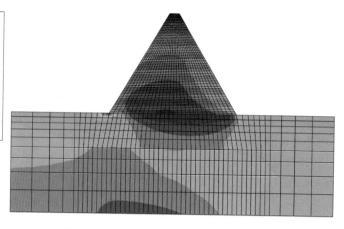

图 5.6 - 28 拉应力云图

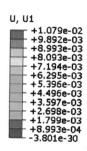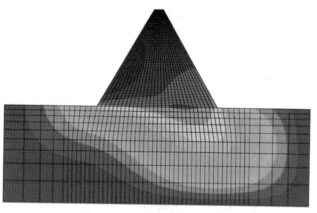

图 5.6 - 29 水平向位移图

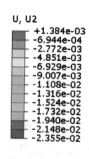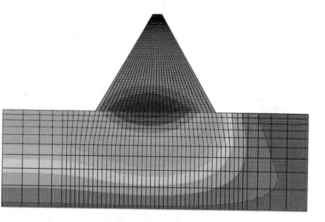

图 5.6 - 30 竖向位移图

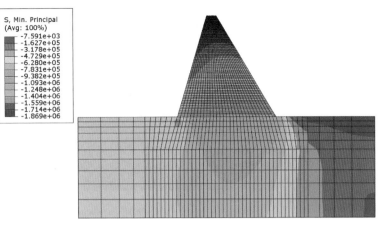

图 5.6 - 31 压应力云图

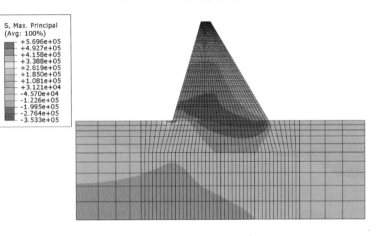

图 5.6 - 32 拉应力云图

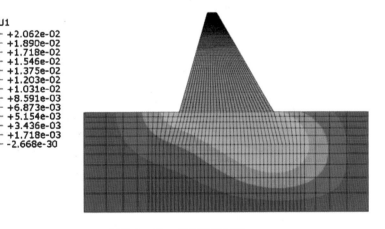

图 5.6 - 33 水平向位移图

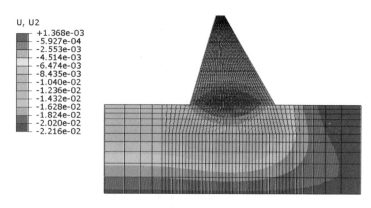

图 5.6-34 竖向位移图

2）坝体变形结果。水平向位移最大值为 2.06cm，出现位置在坝顶处。竖向位移最大值为 2.22cm，出现位置在坝底中部。

5.6.4 多线性随动强化模型

运用 ANSYS 软件建立坝体有限元仿真模型，有限元模型均采用 PLANE42 单元模拟，计算中赋予不同模拟对象不同的材料特性。

基于多线性随动强化模型对工况 1 和工况 2 进行应力与位移分析，计算所得的应力与位移分布如图 5.6-35～图 5.6-42 所示。

（1）工况 1。

1）坝体应力结果（压为负，拉为正）。坝体压应力最大值为 1.21MPa，出现位置在坝体底部中间；坝体在上游坝踵处出现局部拉应力集中区，坝体拉应力值小于 0.06MPa。

2）坝体变形结果。坝体的竖向位移最大值为 6.86cm，出现位置在 1/3～

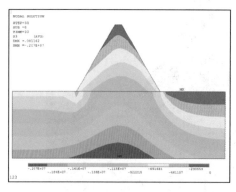

图 5.6-35 压应力云图

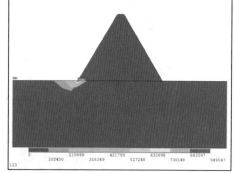

图 5.6-36 拉应力云图

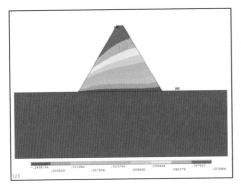

图 5.6-37　水平向位移图

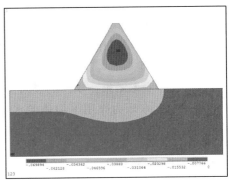

图 5.6-38　竖向位移图

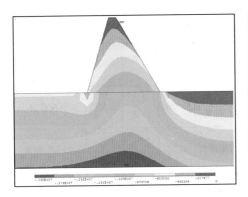

图 5.6-39　压应力云图

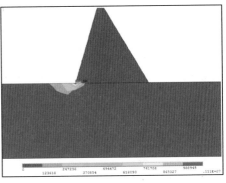

图 5.6-40　拉应力云图

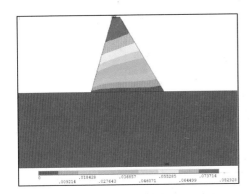

图 5.6-41　水平向位移图

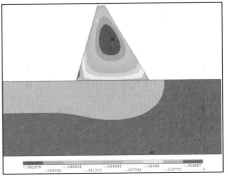

图 5.6-42　竖向位移图

1/2 坝高处；水压力作用下坝体的水平向最大位移值为 5.35cm，出现在坝顶处，且位移值由坝顶到坝底呈逐渐减小的趋势。

（2）工况 2。

1）坝体应力结果（压为负，拉为正）。坝体压应力最大值为 1.19MPa，出现位置在坝体底部中间；坝体在上游坝踵处出现局部拉应力集中区，坝体拉应力值小于 0.10MPa。

2）坝体变形结果。坝体的竖向位移最大值为 6.09cm，出现位置在 1/3～1/2 坝高处；水压力作用下坝体的水平向最大位移值为 8.29cm，最大值出现在坝顶处，且位移值由坝顶到坝底呈逐渐减小的趋势。

5.6.5 结果对比

为了更直观地对比分析各种模型，现将在不同工况下坝体的应力与变形结果列于表 5.6-8。

表 5.6-8　　　　　　　　　　不 同 模 型 计 算 结 果

项　　目		压应力 /MPa		拉应力 /MPa		水平向位移 /cm		垂向位移 /cm	
		最大值	出现 位置	最大值	出现 位置	最大值	出现 位置	最大值	出现位置
工况1	邓肯-张模型	1.14	坝底中部	0.13	坝踵处	5.13	坝顶 下游侧	3.65	1/3～1/2 坝高处
	摩尔-库仑模型	1.05	坝底中部	0.08	坝踵处	5.20	坝顶 下游侧	5.80	1/3～1/2 坝高处
	弹塑性损伤模型	1.56	坝底中部	0.46	坝踵处	1.08	坝顶	2.36	坝底中部
	多线性随动 强化模型	1.21	坝底中部	0.06	坝踵处	5.35	坝顶	6.86	1/3～1/2 坝高处
工况2	邓肯-张模型	1.19	坝底略向 下游侧	0.33	坝踵处	11.04	坝顶 下游侧	3.51	1/3～1/2 坝高处
	摩尔-库仑模型	1.00	坝底偏下游侧	0.10	坝踵处	12.00	坝顶	5.50	1/3～1/2 坝高处
	弹塑性损伤模型	1.87	坝底中部	0.57	坝踵处	2.06	坝顶	2.22	坝底中部
	多线性随动 强化模型	1.19	坝底中部	0.10	坝踵处	8.29	坝顶	6.09	1/3～1/2 坝高处

通过表 5.6-8 分析可知：所选择的 4 种不同本构模型，在工况 1 即坝体剖面对称且坡度较缓的情况下，应力及位移分布规律基本一致，数值大小略有差异；在工况 2 即坝体上游坡度变陡的情况下，由于各模型的计算原理不同，所得应力规律及大小差异性变大，位移大小差异性同样变大。

5.7 本章小结

结合胶凝砂砾石材料应力应变特点，本章介绍了虚加弹簧法的邓肯-张模型、摩尔-库仑软化模型、弹塑性损伤模型和多线性随动强化模型，分析了各模型的特点，并采用上述模型对某大坝进行了应力应变分析，由计算结果可知，在坝体上游坡度变陡的情况下，各模型计算所得应力规律及大小差异性变大，位移大小差异性同样变大。

第6章
胶凝砂砾石坝的有限元分析

6.1 有限元分析理论

根据重力坝设计理论的剖面设计一般由上游不出现拉应力和坝体整体稳定控制，并且坝基面满足抗剪切要求，故坝体材料标号由最大压应力控制。材料力学法应力分析的基本假定为：①坝体混凝土为均质、连续、各向同性的弹性材料；②视坝段为固接于地基上的悬臂梁，不考虑地基变形对坝体应力的影响，并认为各坝段独立工作，横缝不传力；③坝体水平截面上的正应力 σ_y 按直线分布，不考虑廊道等对坝体应力的影响。

胶凝砂砾石材料应力应变关系具有明显的非线性且坝体剖面肥大，按材料力学法计算偏差更大，故有必要通过利用符合其本构模型关系的有限元法了解其比较真实的应力分布规律，按照实际应力条件设计相应的材料强度要求。

要对坝体进行强度、变形、失稳等破损可能性的安全校核，首先应进行坝体的应力应变分析。自从 1967 年美国克劳夫（Clough）和伍德沃德（Woodward）首先把有限单元法用于土石坝非线性分析中，并采用模拟施工逐级加荷进行坝体应力计算以来，在坝体的应力应变分析中，非线性有限元已经被广泛采用。对于此类非线性问题的有限元分析，则是根据非线性应力应变关系，把它逐段地化为一系列线性问题，以直线来逼近曲线。这种方法能够比较真实地模拟施工过程，并具有一定的精度。

胶凝砂砾石材料三轴试验结果表明，当胶凝材料含量比较低时，应力应变关系是非线性的，而且具有明显的软化特性。本章非线性有限元计算的目的是校核胶凝砂砾石坝的应力和变形状况，探讨当胶凝材料含量比较低时，胶凝砂砾石坝剖面的变化规律。

6.1.1 胶凝砂砾石坝的有限元理论

坝体单元主要采用平面四结点、四边形等参单元，仅在坝坡边缘采用了少量的三结点、三角形单元。

6.1.1.1 四边形等参单元

（1）单元应变：

$$\{\varepsilon\}=\begin{bmatrix}\varepsilon_x & \varepsilon_y & \gamma_{xy}\end{bmatrix}^{\mathrm{T}}=\begin{bmatrix}B_1 & B_2 & B_3 & B_4\end{bmatrix}\{\delta\}^e \qquad (6.1-1)$$

其中

$$[B_i]=\begin{bmatrix}\dfrac{\partial N_i}{\partial x} & 0 \\[2mm] 0 & \dfrac{\partial N_i}{\partial y} \\[2mm] \dfrac{\partial N_i}{\partial y} & \dfrac{\partial N_i}{\partial x}\end{bmatrix} \quad (i=1,2,3,4)$$

$$N_i=\frac{1}{4}(1+\xi_i\xi)(1+\eta_i\eta) \quad (i=1,2,3,4)$$

式中：$\{\delta\}^e$ 为单元结点位移列阵；N_i 为单元的形函数；ξ、η 为单元的局部坐标。

应变 $\{\varepsilon\}$ 相同时，由于图 5.2-3 中双曲线③和直线②的应变矩阵 $[B]$ 相同，所以两者的 $\{\delta\}^e$ 也相同。

（2）单元应力：

$$\{\sigma\}=\begin{bmatrix}\sigma_x & \sigma_y & \tau_{xy}\end{bmatrix}^{\mathrm{T}}=[D][B]\{\delta\}^e \qquad (6.1-2)$$

式中：$[D]$ 为弹性矩阵。

对于一般非线性问题，$[D]$ 随弹性模量 E 及泊松比 ν 的改变而改变。胶凝砂砾石坝非线性计算中，认为泊松比 ν 为常数，$[D]$ 仅随弹性模量 E 的改变而改变，其表达式推导为

$$[D]=\frac{E(1-\nu)}{(1+\nu)(1-2\nu)}\begin{bmatrix}1 & \dfrac{\nu}{1-\nu} & 0 \\[2mm] \dfrac{\nu}{1-\nu} & 1 & 0 \\[2mm] 0 & 0 & \dfrac{1-2\nu}{2(1-\nu)}\end{bmatrix}$$

$$=\frac{(E_1-E_2)(1-\nu)}{(1+\nu)(1-2\nu)}\begin{bmatrix}1 & \dfrac{\nu}{1-\nu} & 0 \\[2mm] \dfrac{\nu}{1-\nu} & 1 & 0 \\[2mm] 0 & 0 & \dfrac{1-2\nu}{2(1-\nu)}\end{bmatrix}$$

$$=[D_1]-[D_2] \qquad (6.1-3)$$

式中：E_1 为图 5.2-3 中双曲线③的切线模量；E_2 为图 5.2-3 中直线②的切线模量，为常数；$[D_1]$ 为图 5.2-3 中双曲线模型确定的弹性矩阵；$[D_2]$ 为图 5.2-3 中直线模型的弹性矩阵，为常量。

（3）单元刚度矩阵。由虚功原理可导出单元的结点位移与结点力之间的关系式：

$$\{F\}^e = \iint_A [B]^T \{\sigma\} \mathrm{d}x\mathrm{d}y$$

$$= \iint_A [B]^T [D][B] \mathrm{d}x\mathrm{d}y \{\delta\}^e$$

$$= \iint_A [B]^T ([D_1] - [D_2])[B] \mathrm{d}x\mathrm{d}y \{\delta\}^e$$

$$= \iint_A [B]^T [D_1][B] \mathrm{d}x\mathrm{d}y \{\delta\}^e - \iint_A [B]^T [D_2][B] \mathrm{d}x\mathrm{d}y \{\delta\}^e$$

$$= [k_1]\{\delta\}^e - [k_2]\{\delta\}^e \tag{6.1-4}$$

式中：$\{F\}^e$ 为单元的结点力列阵，也就是单元的等效结点荷载；$[k_1]$ 为双曲线模型确定的单元刚度矩阵；$[k_2]$ 为直线模型的单元刚度矩阵。

对于四结点等参单元：

$$[k] = \int_{-1}^{1} \int_{-1}^{1} [B]^T [D][B] \mid J \mid \mathrm{d}\xi\mathrm{d}\eta$$

$$= \int_{-1}^{1} \int_{-1}^{1} [B]^T [D_1][B] \mid J \mid \mathrm{d}\xi\mathrm{d}\eta - \int_{-1}^{1} \int_{-1}^{1} [B]^T [D_2][B] \mid J \mid \mathrm{d}\xi\mathrm{d}\eta$$

$$= [k_1] - [k_2] \tag{6.1-5}$$

式中：$\mid J \mid$ 为 Jacobi 矩阵的模。

在等参单元的有限元计算中，积分 $\int_{-1}^{1} \int_{-1}^{1} [B]^T [D_1][B] \mid J \mid \mathrm{d}\xi\mathrm{d}\eta$ 和 $\int_{-1}^{1} \int_{-1}^{1} [B]^T [D_2][B] \mid J \mid \mathrm{d}\xi\mathrm{d}\eta$ 是由高斯（Gauss）求积法的数值积分来实现的，即在单元内选出某些积分点，求出被积函数在这些积分点处的函数值，然后用对应的加权系数乘上这些函数值，再求出总和，将其作为近似的积分值。由一维求积公式导出：

$$\int_{-1}^{1} f(\xi, \eta) \mathrm{d}\xi = \sum_{i=1}^{n} H_i f(\xi_i, \eta) = \phi(\eta)$$

由上式推广得二维求积公式为

$$\int_{-1}^{1} \int_{-1}^{1} f(\xi, \eta) \mathrm{d}\xi\mathrm{d}\eta = \sum_{i=1}^{n_1} \sum_{j=1}^{n_2} H_i H_j f(\xi_i, \eta_j)$$

式中：n_1、n_2 分别为沿 ξ、η 方向的积分点数目；ξ_i、η_j 为同一积分点在 ξ、η 方向的坐标；H_i、H_j 为同一积分点在 ξ、η 方向的一维加权系数。

（4）整体刚度矩阵：

$$[K] = \sum_e [G]^T [k][G] = \sum_e [G]^T ([k_1] - [k_2])[G] = [K_1] - [K_2]$$

$$\tag{6.1-6}$$

式中：$[G]$ 为单元结点转换矩阵；$[K_1]$ 为双曲线模型确定的整体刚度矩阵；$[K_2]$ 为直线模型的整体刚度矩阵。

（5）位移模式：

$$\left. \begin{array}{l} u = \sum_{i=1}^{4} N_i u_i \\ v = \sum_{i=1}^{4} N_i v_i \end{array} \right\} \qquad (6.1-7)$$

式中：u_i 为单元结点水平向位移；v_i 为单元结点竖向位移。

任意一点受有集中荷载 $\{P\} = \{P_x \quad P_y\}^{\mathrm{T}}$ 时，等效结点荷载为

$$\{R_p\}^e = [N]^{\mathrm{T}}\{P\} \qquad (6.1-8)$$

单元受有体力 $\{p\} = [X \quad Y]^{\mathrm{T}} = [0 \quad -\rho]^{\mathrm{T}}$ 时，等效结点荷载为

$$\{R_p\}^e = \iint_A [N]^{\mathrm{T}}\{p\} t \mathrm{d}x\mathrm{d}y \qquad (6.1-9)$$

对于等参单元：

$$\{R_p\}^e = \int_{-1}^{1}\int_{-1}^{1} [N]^{\mathrm{T}}\{p\} \mid J \mid \mathrm{d}\xi\mathrm{d}\eta t = \sum_{g=1}^{n} H_g([N]^{\mathrm{T}}\{p\} \mid J \mid)_g t$$

对于三角形单元：

$$\{R_p\}^e = \left[0 \quad -\frac{\rho A t}{3} \quad 0 \quad -\frac{\rho A t}{3} \quad 0 \quad -\frac{\rho A t}{3} \right]^{\mathrm{T}}$$

单元的边界上有均布荷载 $\{\overline{p}\}$ 时，等效结点荷载为

$$\{R_p\}^e = \int_s [N]^{\mathrm{T}}\{\overline{p}\} t \mathrm{d}s \qquad (6.1-10)$$

6.1.1.2 三角形单元

（1）单元应变：

$$\{\varepsilon\} = [\varepsilon_x \quad \varepsilon_y \quad \gamma_{xy}]^{\mathrm{T}} = [B_i \quad B_j \quad B_m]\{\delta\}^e \qquad (6.1-11)$$

其中

$$[B_i] = \frac{1}{2A} \begin{bmatrix} b_i & 0 \\ 0 & c_i \\ c_i & b_i \end{bmatrix} \qquad (i,j,m)$$

$$A = \frac{1}{2} \begin{vmatrix} 1 & x_i & y_i \\ 1 & x_j & y_j \\ 1 & x_m & y_m \end{vmatrix} \qquad (i,j,m)$$

在计算过程中，非线性计算与线性计算的应变 $\{\varepsilon\}$ 相同，又因为应变矩阵 $[B]$ 相同，所以两者的 $\{\delta\}^e$ 也相同。

（2）单元应力。与等参单元中式（6.1-9）和式（6.1-10）相同。

（3）单元刚度矩阵。任一分块矩阵可表示为

$$[k_{rs}] = [B_r]^T [D][B_s]tA$$
$$= [B_r]^T [D_1][B_s]tA - [B_r]^T [D_2][B_s]tA$$
$$= [k_{rs}]_1 - [k_{rs}]_2 \qquad (6.1-12)$$

（4）整体刚度矩阵：

$$[K] = \sum_e [G]^T [k][G] = \sum_e [G]^T ([k_1]-[k_2])[G] = [K_1]-[K_2]$$
$$(6.1-13)$$

式中：$[G]$ 为单元结点转换矩阵。

（5）位移模式：

$$\begin{cases} u = \sum_{i=1}^{3} N_i u_i \\ v = \sum_{i=1}^{3} N_i v_i \end{cases} \qquad (6.1-14)$$

其中
$$N_i = (a_i + b_i x + c_i y)/2A \qquad (i,j,m)$$
$$a_i = x_j y_m - x_m y_j$$
$$b_i = y_j - y_m$$
$$c_i = -x_j + x_m$$

6.1.2 非线性分析方法及程序实现

该处所涉及的非线性主要是由材料非线性引起的，此类非线性问题要从数学上严格地求解是非常困难的。非线性问题的有限元分析一般是根据非线性应力应变关系，把它逐段地化为一系列线性问题，用数值方法求解。常用的求解方法有迭代法、增量法和混合法。

增量法包括基本增量法、中点增量法和增量迭代法几种解法，其中中点增量法的解能满足工程所需的精度，且计算量较小，其具体实施步骤如下。

（1）将全荷载分为 n 级荷载增量，即 $R = \sum_{i=1}^{n} \Delta R_i$。

（2）以第 i 级荷载增量 $\{\Delta R\}_i$ 为例，根据初始应力 $\{\sigma\}_{i-1}$ 确定弹性常数 E_{i-1} 和 μ_{i-1}，并以此形成整体劲度矩阵 $[K]_{i-1}$。

（3）在结构上施加荷载增量的一半 $\{\Delta R\}_i/2$，以式（6.1-15）求解位移增量：

$$[K]_{i-1} \{\Delta \delta\}_{i-\frac{1}{2}} = \{\Delta R\}_i/2 \qquad (6.1-15)$$

并计算应力和应变增量，进而求累计的应力和应变，解得加半载时的结果。

（4）由 $\{\sigma\}_{i-\frac{i}{2}}$（或相应的应变），确定弹性常数 $E_{i-\frac{1}{2}}$ 和 $\mu_{i-\frac{1}{2}}$，再形成整体劲度矩阵 $[K]_{i-\frac{1}{2}}$。

（5）在 $\{R\}_{i-1}$ 的基础上重新施加全荷载增量 $\{\Delta R\}_i$，以式（6.1 - 16）求解本级的位移增量：

$$[K]_{i-\frac{1}{2}}\{\Delta\delta\}_i = \{\Delta R\}_i \qquad (6.1 - 16)$$

再求出相应的应力和应变增量，累加即得第 i 级荷载增量 $\{\Delta R\}_i$ 的结果。

重复上述步骤，便可得各级荷载增量下的解答。

增量法的突出优点是可以模拟施工加荷过程，解得施工各阶段的变形和应力情况。作用于胶凝砂砾石坝的主要荷载是坝体自重和蓄水后产生的静水压力以及渗透水压力。当坝体自重荷载施加到坝顶时，所得的应力应变反映了竣工期坝体的应力应变大小；而根据坝体运用的不同阶段施加水荷载，所得应力应变则反映了在不同运用情况下坝体的应力应变分布。相对而言，增量法比一次加荷的解更加接近实际情况，因而在工程上得到了广泛的应用。

程序为土石坝有限元分析程序，为适用于胶凝砂砾石等存在负刚度问题的本构模型，著者用 Fortran PowerStation 4.0 再一次开发程序，采用调整后中点增量法来处理材料的非线性问题，根据施工先后顺序逐级施加荷载，计算坝体及坝基不同时期各结点的水平位移和竖直位移、各单元的应力分量和主应力的大小及方向。

程序由 1 个主程序和 20 个子程序构成，既可采用四结点、四边形等参单元，也可采用三结点、三角形单元，还可同时采用这两种单元，因此可以较好地适应各种剖面形式，运用极为方便。

6.2 胶凝砂砾石坝的非线性计算

为了分析问题方便，并在保证对计算结果影响不大的前提下，建立计算模型时，做了以下简化。

（1）计算中，坝顶宽取定值 6m，不作为变化因素考虑。

（2）不考虑上游面设置的混凝土防渗面板，而将水压力直接作用在上游坝面上。

（3）上游坝面不设折坡点。

（4）计算范围为坝体和部分地基，地基向坝体上、下游侧和地基深度方向各取相应于一倍坝高的范围；计算荷载取自重＋上游静水压力，水位取与坝顶齐平。

（5）计算取单宽坝体进行平面应变分析，考虑胶凝砂砾石的软化过程，按非线性问题处理。

（6）计算过程中，坝基不参与非线性迭代。

6.2.1 坝高对坝体应力及位移的影响

根据现有工程资料，胶凝砂砾石坝的对称边坡多在 $1:0.5\sim1:0.7$ 之间，首先选用对称剖面，上、下游边坡比为 $1:0.7$，水泥用量为 $50\mathrm{kg/m^3}$ 的胶凝砂砾石材料，分析坝高对坝体应力的影响。

6.2.1.1 主应力分析

（1）坝高 60m。分析坝体的主应力等值线图（图 6.2-1 和图 6.2-2）可知，坝体的压应力最大值为 1.13MPa，出现位置在坝底中部；坝体的拉应力最大值为 0.003MPa，出现位置在坝踵单元处，由应力集中造成。

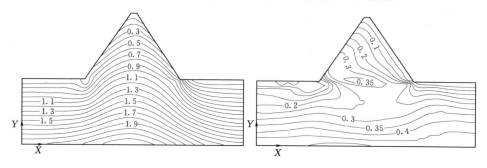

<table>
<tr><td>图 6.2-1　坝高 60m 的大主应力
等值线图（单位：MPa）</td><td>图 6.2-2　坝高 60m 的小主应力
等值线图（单位：MPa）</td></tr>
</table>

采用非线性有限元分析，得到坝体上游边缘处 $\sigma_1=0.58$MPa，下游边缘处 $\sigma_1=0.65$MPa；采用材料力学法，得到坝体的上游边缘应力 $\sigma_{1u}=1.07$MPa，下游边缘应力 $\sigma_{1d}=1.29$MPa。

（2）坝高 80m。分析坝体的主应力等值线图（图 6.2-3 和图 6.2-4）可知，坝体的压应力最大值为 1.42MPa，出现位置在坝底中部；坝体的拉应力

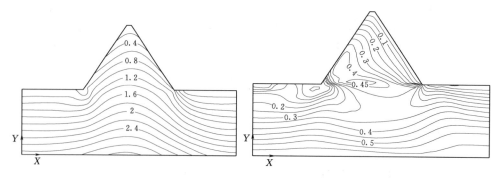

<table>
<tr><td>图 6.2-3　坝高 80m 的大主应力
等值线图（单位：MPa）</td><td>图 6.2-4　坝高 80m 的小主应力
等值线图（单位：MPa）</td></tr>
</table>

最大值为 0.17MPa，出现位置在坝踵单元处，由应力集中造成。

采用非线性有限元分析，得到坝体上游边缘处 $\sigma_1=0.77$MPa，下游边缘处 $\sigma_1=0.82$MPa；采用材料力学法，得到坝体的上游边缘应力 $\sigma_{1u}=1.40$MPa，下游边缘应力 $\sigma_{1d}=1.72$MPa。

6.2.1.2 位移分析

（1）坝高 60m。分析坝体的位移等值线图（图 6.2-5 和图 6.2-6）可知，坝体的最大水平位移为 1.79cm，出现位置在坝顶略向下游处；坝体的最大垂直位移为 1.91cm，出现位置在 1/3～1/2 坝高处。

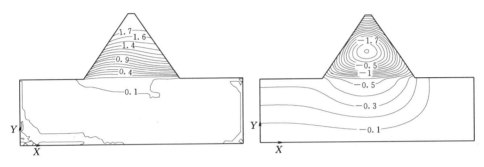

图 6.2-5　坝高 60m 的水平位移
等值线图（单位：cm）

图 6.2-6　坝高 60m 的垂直位移
等值线图（单位：cm）

（2）坝高 80m。分析坝体的位移等值线图（图 6.2-7 和图 6.2-8）可知，坝体的最大水平位移为 3.29cm，出现在坝顶略向下游处；坝体的最大垂直位移为 3.30cm，出现在 1/3～1/2 坝高处。

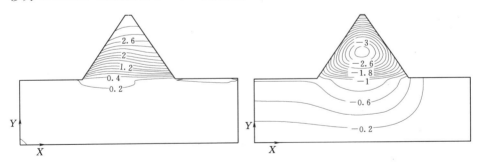

图 6.2-7　坝高 80m 的水平位移
等值线图（单位：cm）

图 6.2-8　坝高 80m 的垂直位移
等值线图（单位：cm）

6.2.1.3 结论

比较不同坝高时的应力及位移等值线图，可以得到：

（1）坝体大主应力分布趋势大体与堆石坝一致，但高应力区略靠下，在坝基面处。不同坝高情况下，坝基面上的大主应力分布都较为均匀，坝体的最大大主应力随着坝高的增大而增大，并且都出现在坝基面中部。

（2）坝体小主应力等值线在下游分布处大体与坝体边坡平行，并且小主应力的高应力区分布在上游处，在坝基面略向上游处会形成一个应力等值线圈，同时，坝体最大小主应力也会随坝高的增大而增大。

（3）在边坡一定时，不同坝高对应的应力分布状态大体一致。

（4）用非线性有限元法分析得到的位于坝底中部的大主应力值均大于坝体边缘处的大主应力值，即大主应力的最大值位于坝底中部；而用重力坝理论基于平面变形和 σ_y 直线分布理论基础上得到的坝体的大主应力的分布规律是，坝趾处的大主应力值大于坝踵处，并且坝趾处的主应力值高于有限元法得到的坝体内部的主应力的最大值。因此，当建坝材料一定，用非线性有限元法进行应力控制时，更易建高坝。

（5）坝体上、下游的主应力都随坝高的增加增加，同时在对称边坡1：0.7时，上游坝踵处均未出现拉应力。

（6）坝体的最大水平位移与最大垂直位移都随坝高的增大而增大。

6.2.2　边坡对坝体应力及位移的影响

对于水泥用量为 50kg/m^3 的胶凝砂砾石材料，选定坝高为60m，改变坝体上、下游坡比，进行应力及位移计算。

6.2.2.1　主应力分析

（1）上游坡比0.1、下游坡比0.7。分析坝体的应力等值线图（图6.2-9和图6.2-10）可知，坝体的压应力最大值为1.11MPa，出现位置在坝底向下游处；坝体的拉应力最大值为0.24MPa，出现位置在上游坝踵处。

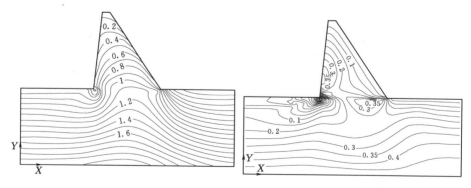

图6.2-9　上游坡比0.1、下游坡比0.7　　图6.2-10　上游坡比0.1、下游坡比0.7
的大主应力等值线图（单位：MPa）　　的小主应力等值线图（单位：MPa）

采用非线性有限元分析，得到坝体上游边缘处 $\sigma_1 = 0.50$MPa，下游边缘处 $\sigma_1 = 0.79$MPa；采用材料力学法，得到坝体的上游边缘应力 $\sigma_{1u} = 0.76$MPa，下游边缘应力 $\sigma_{1d} = 1.31$MPa。

（2）上游坡比 0.4、下游坡比 0.7。分析坝体的应力等值线图（图 6.2-11 和图 6.2-12）可知，坝体的压应力最大值为 1.11MPa，出现位置在坝底中部；坝体的拉应力最大值为 0.07MPa，出现位置在上游坝踵处。

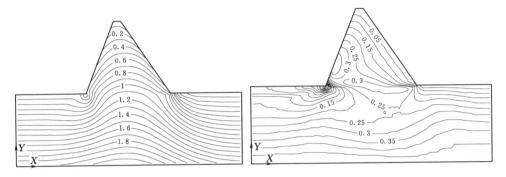

图 6.2-11　上游坡比 0.4、下游坡比 0.7 的大主应力等值线图（单位：MPa）　　图 6.2-12　上游坡比 0.4、下游坡比 0.7 的小主应力等值线图（单位：MPa）

采用非线性有限元分析，得到坝体上游边缘处 $\sigma_1 = 0.56$MPa，下游边缘处 $\sigma_1 = 0.69$MPa；采用材料力学法，得到坝体的上游边缘应力 $\sigma_{1u} = 0.94$MPa，下游边缘应力 $\sigma_{1d} = 1.25$MPa。

（3）上游坡比 0.4、下游坡比 0.5。分析坝体的应力等值线图（图 6.2-13 和图 6.2-14）可知，坝体的压应力最大值为 1.18MPa，出现位置在坝底向下游处；坝体的拉应力最大值为 0.29MPa，出现位置在上游坝踵处。

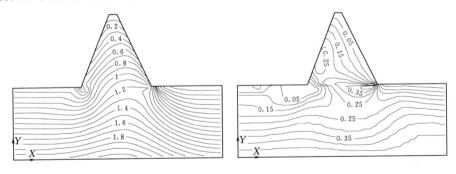

图 6.2-13　上游坡比 0.4、下游坡比 0.5 的大主应力等值线图（单位：MPa）　　图 6.2-14　上游坡比 0.4、下游坡比 0.5 的小主应力等值线图（单位：MPa）

采用非线性有限元分析，得到坝体上游边缘处 $\sigma_1 = 0.53$MPa，下游边缘处 $\sigma_1 = 1.09$MPa；采用材料力学法，得到坝体的上游边缘应力 $\sigma_{1u} = 0.66$MPa，

下游边缘应力 $\sigma_{1d} = 1.42\text{MPa}$。

6.2.2.2 位移分析

（1）上游坡比0.1、下游坡比0.7。分析坝体的位移等值线图（图6.2-15和图6.2-16）可知，坝体的最大水平位移为8.41cm，出现位置在坝顶略向下游处；坝体的最大垂直位移为1.54cm，出现位置在1/3～1/2坝高处，并且略向下游。

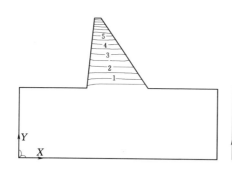 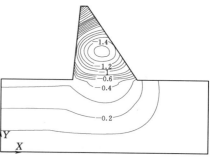

图 6.2-15　上游坡比0.1、下游坡比
0.7的水平位移等值线图（单位：cm）

图 6.2-16　上游坡比0.1、下游坡比
0.7的垂直位移等值线图（单位：cm）

（2）上游坡比0.4、下游坡比0.7。分析坝体的位移等值线图（图6.2-17和图6.2-18）可知，坝体的最大水平位移为3.43cm，出现位置在坝顶略向下游处；坝体的最大垂直位移为1.77cm，出现位置在1/3～1/2坝高处。

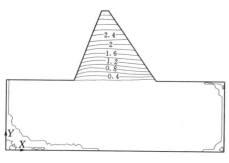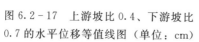 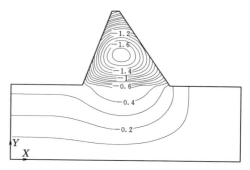

图 6.2-17　上游坡比0.4、下游坡比
0.7的水平位移等值线图（单位：cm）

图 6.2-18　上游坡比0.4、下游坡比
0.7的垂直位移等值线图（单位：cm）

（3）上游坡比0.4、下游坡比0.5。分析坝体的位移等值线图（图6.2-19和图6.2-20）可知，坝体的最大水平位移为5.04cm，出现位置在坝顶略向下游处；坝体的最大垂直位移为1.95cm，出现位置在1/3～1/2坝高处，并且接近下游坝坡边缘。

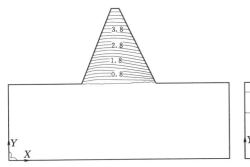

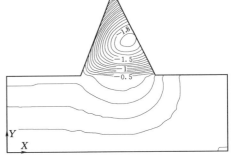

图 6.2-19 上游坡比 0.4、下游坡比 0.5 的水平位移等值线图（单位：cm）

图 6.2-20 上游坡比 0.4、下游坡比 0.5 的垂直位移等值线图（单位：cm）

6.2.2.3 结论

比较不同坡比时的应力及位移等值线图，可以得到：

（1）坝体大主应力分布趋势随着边坡的变陡发生变化，但是大主应力值随边坡的变陡变化不大，可见大主应力值的改变主要受坝高的影响。

（2）坝体小主应力分布趋势基本保持稳定，但是坝踵拉应力值随边坡的变陡而增加；当坝踵处出现拉应力的区域为某一局部单元时，这主要是由应力集中引起的，当坝体边坡变陡，坝踵拉应力值继续增大，开展区域进一步扩大，此时出现的拉应力是由于坝体材料发生破坏引起的。

（3）用非线性有限元法得到的位于坝底中部的大主应力值均大于坝体边缘处的大主应力值，即大主应力的最大值位于坝底中部；而用重力坝理论得到的坝体的大主应力的分布规律是，坝趾处的大主应力值大于坝踵处，并且坝趾处的主应力值还高于用非线性有限元法得到的坝体内部的主应力的最大值。因此，当建坝材料一定，用非线性有限元法进行应力控制时，坝体高度可以更大。

（4）坝体的最大水平位移随着边坡的变陡而增大，同时坝体的最大垂直位移的变化规律亦是如此，但是垂直位移的分布随着坝坡的变陡，位移等值线向下游移动。

（5）与未加水荷载的位移计算进行对比分析可知，坝体的应力和水平位移主要是由水荷载引起的，而垂直位移主要受坝体自重影响，水荷载对其影响不大。

6.3 胶凝砂砾石坝的线性计算

有限元的理论部分在非线性分析章节已作详细介绍，故在此不做过多说明。

6.3.1　计算模型的简化

为了分析问题方便，并在保证对计算结果影响不大的前提下，建立计算模型时，做了以下简化。

（1）计算中，坝顶宽取定值 6m，不作为变化因素考虑。

（2）不考虑上游面设置的混凝土防渗面板，而将水压力直接作用在上游坝面上。

（3）上游坝面不设折坡点。

（4）计算范围为坝体和部分地基，地基向坝体上、下游侧和地基深度方向各取相应于一倍坝高的范围；计算荷载取自重＋上游静水压力，水位取与坝顶齐平。

（5）计算取单宽坝体进行平面应力分析。

6.3.2　模型的建立

运用二维有限元方法，材料分为两种：坝基和坝体。坝体施工考虑分级加载，从地基以上每 2m 一级。模型采用四结点等参单元，结点和单元个数根据各计算工况的不同控制在 1000～2000 个范围内。

边界条件：坝基的底部采用全约束，坝基两侧采用水平方向约束。

荷载：水压力按满库计算。

符号规定：拉应力为正，压应力为负。

材料参数：①坝体，弹性模量为 5GPa，泊松比为 0.2，容重为 23.2kN/m³；②坝基，弹性模量为 7GPa，泊松比为 0.24，容重为 20.2kN/m³。

6.3.3　坝高对坝体应力及位移的影响

根据现有工程资料，胶凝砂砾石坝的对称边坡多在 1∶0.5～1∶0.7 之间，故首先选用对称剖面，上、下游边坡比为 1∶0.7，分析坝高对坝体应力的影响。

6.3.3.1　主应力分析

（1）坝高 60m。分析坝体的主应力图（图 6.3-1 和图 6.3-2）可知（拉应力为正，压应力为负），除坝踵、坝趾处应力集中外，坝体的最大压应力为 1.09MPa，出现位置在坝底中部；坝体内的主应力均为压应力。

采用有限元法，可得坝体上游边缘处竖直应力为 0.26MPa，下游边缘处竖直应力为 0.49MPa，全为压应力；采用材料力学法，得到坝体的上游边缘

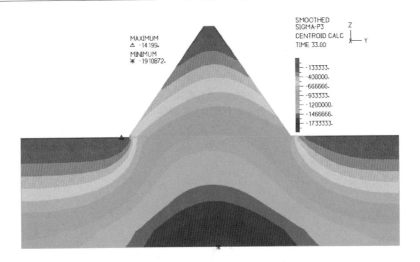

图 6.3-1 坝高 60m 的大主应力云图（单位：Pa）

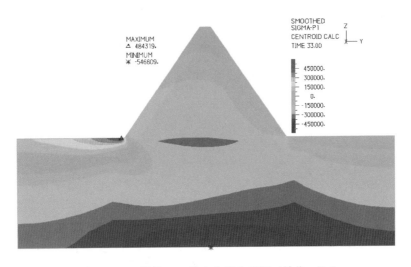

图 6.3-2 坝高 60m 的小主应力云图（单位：Pa）

应力（竖直应力）$\sigma_{yu} = 0.76$MPa，下游边缘应力 $\sigma_{yd} = 0.72$MPa。

（2）坝高 80m。分析坝体的主应力图（图 6.3-3 和图 6.3-4）可知（拉应力为正，压应力为负），除坝踵、坝趾处应力集中外，坝体的最大压主应力为 1.44MPa，出现位置在坝底中部；坝体内的大主应力均为压应力。

采用有限元法，可得坝体上游边缘处竖直应力为 0.30MPa，下游边缘处竖直应力为 0.68MPa，全为压应力；采用材料力学法，得到坝体的上游边缘应力（竖直应力）$\sigma_{yu} = 1.00$MPa，下游边缘应力 $\sigma_{yd} = 0.95$MPa。

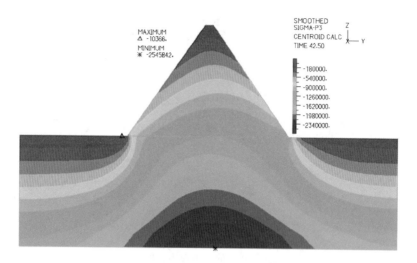

图 6.3 - 3 坝高 80m 的大主应力图（单位：Pa）

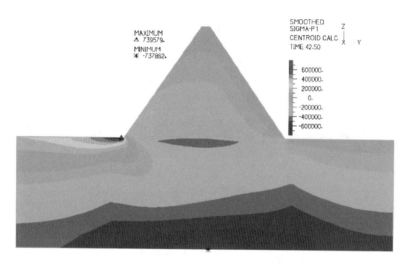

图 6.3 - 4 坝高 80m 的小主应力图（单位：Pa）

6.3.3.2 位移分析

（1）坝高 60m。分析坝体的位移图（图 6.3 - 5 和图 6.3 - 6）可知，坝体的最大水平位移为 4.8mm，出现位置在上游坝高的中部偏下；坝体的最大垂直位移为 7.3mm，出现位置在坝底中部略向上。最大垂直位移比坝高 50m 的最大垂直位移增大 2.1mm。

（2）坝高 80m。由坝体的位移图（图 6.3 - 7 和图 6.3 - 8）可知，坝体的

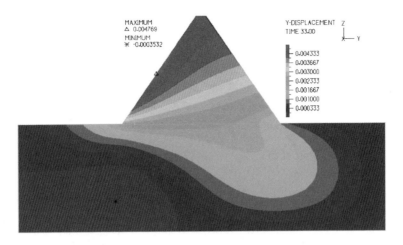

图 6.3 - 5 坝高 60m 的水平位移图（单位：m）

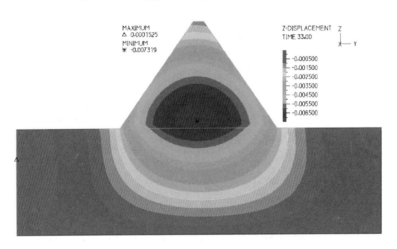

图 6.3 - 6 坝高 60m 的竖向位移图（单位：m）

最大水平位移为 8.6mm，出现位置在上游坝高的中部；坝体的最大垂直位移为 12.7mm，出现位置在坝底中部略向上。最大垂直位移比坝高 70m 的最大垂直位移增大 2.9mm。

6.3.3.3 结论

比较不同坝高时的应力及位移图，可以得到：

（1）坝体大主应力分布趋势大体与堆石坝一致，但高应力区略靠下，在坝基面处。不同坝高情况下，坝基面上的大主应力分布都较为均匀，坝体的最大大主应力随着坝高的增大而增大，并且都出现在坝基面中部。

（2）坝体小主应力在下游分布大体与坝体边坡平行，并且小主应力的高应

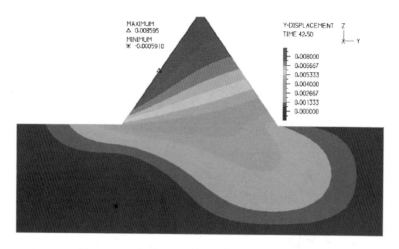

图 6.3 - 7　坝高 80m 的水平位移图（单位：m）

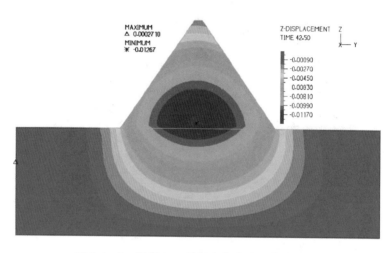

图 6.3 - 8　坝高 80m 的竖向位移图（单位：m）

力区分布在接近坝踵与地基结合处。在坝基面略向上游处会形成一个应力等值区域，同时，坝体最大小主应力也会随坝高的增大而增大。

（3）在边坡一定时，不同坝高对应的应力分布状态大体一致。

（4）用有限元法得到的位于坝底中部的大主应力值均大于坝体边缘处的大主应力值，即大主应力的最大值位于坝底中部；在坝踵与坝趾处的垂直（竖向）应力较小，并且坝趾处的垂直应力远大于坝踵处的垂直应力。而用材料力学法计算得出的坝踵与坝趾处的垂直应力都较大，并且坝踵处的垂直应力稍大于坝趾处的垂直应力，数值比较接近。通过有限元法与材料力学法对比分析可知：有限元法计算的坝踵、坝趾处的应力较小，而用材料力学法（重力坝理论）计算的坝踵、坝趾处的应力较大。这主要是因为材料力学法（理论中坝体底部应符合平面假定）适用于比较细高的建筑物（如重力坝），对于坝底比较大（相对于坝体高度）的建筑物（如土石坝）则不太适用。

（5）坝体上、下游的主应力值都随坝高的增加而增加，同时在对称边坡1∶0.7时，上游坝踵处均未出现拉应力。

（6）坝体的最大水平位移与最大垂直位移都随坝高的增大而增大。分析坝体位移图可知，坝体的最大水平位移出现位置在上游坝高中部偏下，坝体的最大垂直位移出现位置在坝底中部略向上。

6.3.4 边坡对坝体应力及位移的影响

选定坝高为60m，改变坝体坡比，研究不同边坡对坝体应力的影响。

6.3.4.1 主应力分析

（1）上游坡比0.1、下游坡比0.7。分析坝体的主应力图（图6.3-9和图6.3-10）可知，坝体的最大大主应力为1.32MPa（压应力），出现位置在坝趾处；坝体的最大小主应力为0.27MPa（拉应力），出现位置在坝踵处。

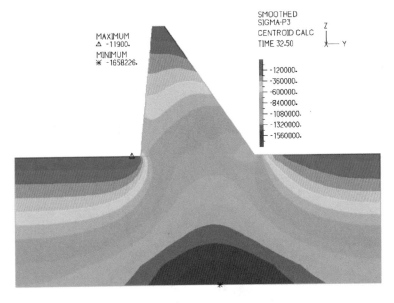

图 6.3-9　上游坡比0.1、下游坡比0.7的大主应力图（单位：Pa）

采用有限元法，可得坝体上游边缘处竖直应力为0.29MPa，下游边缘处竖直应力为0.65MPa，全为压应力；采用材料力学法，得到坝体的上游边缘应力（竖直应力）$\sigma_{yu}=0.17$MPa，下游边缘应力 $\sigma_{yd}=0.88$MPa。

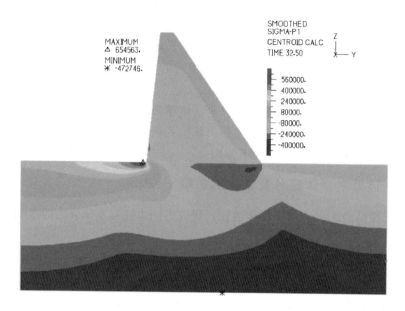

图 6.3-10 上游坡比 0.1、下游坡比 0.7 的小主应力图（单位：Pa）

（2）上游坡比 0.4、下游坡比 0.5。分析坝体的主应力图（图 6.3-11 和图 6.3-12）可知，坝体的最大大主应力为 1.64MPa（压应力），出现位置在坝趾处；坝体的最大小主应力为 0.32MPa（拉应力），出现位置在坝踵处。

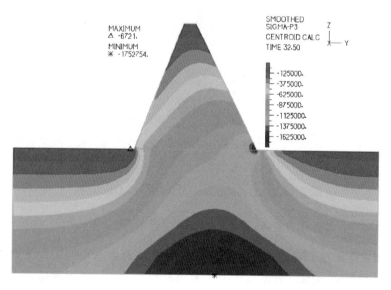

图 6.3-11 上游坡比 0.4、下游坡比 0.5 的大主应力图（单位：Pa）

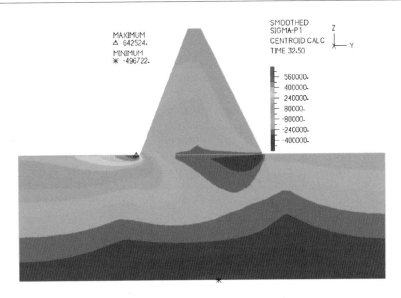

图 6.3-12 上游坡比 0.4、下游坡比 0.5 的小主应力图（单位：Pa）

采用有限元法，可得坝体上游边缘处竖直应力为 0.17MPa，下游边缘处竖直应力为 0.94MPa，全为压应力；采用材料力学法，得到坝体的上游边缘应力（竖直应力）$\sigma_{yu}=0.06$MPa，下游边缘应力 $\sigma_{yd}=1.14$MPa。

（3）上游坡比 0.4、下游坡比 0.7。分析坝体的主应力图（图 6.3-13 和图 6.3-14）可知，坝体的最大大主应力为 1.10MPa（压应力），出现位置在坝趾处；坝体的最大小主应力为 0.16MPa（拉应力），出现位置在坝踵处。

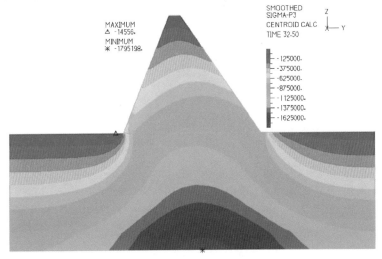

图 6.3-13 上游坡比 0.4、下游坡比 0.7 的大主应力图（单位：Pa）

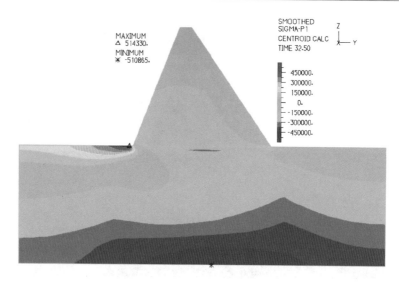

图 6.3-14 上游坡比 0.4、下游坡比 0.7 的小主应力图（单位：Pa）

采用有限元法，可得坝体上游边缘处竖直应力为 0.31MPa，下游边缘处竖直应力为 0.55MPa，全为压应力；采用材料力学法，得到坝体的上游边缘应力（竖直应力）σ_{yu}＝0.30MPa，下游边缘应力 σ_{yd}＝0.84MPa。

6.3.4.2 位移分析

（1）上游坡比 0.1、下游坡比 0.7。分析坝体的位移图（图 6.3-15 和图 6.3-16）可知，坝体的最大水平位移为 19mm，出现位置在坝顶略向上游处；

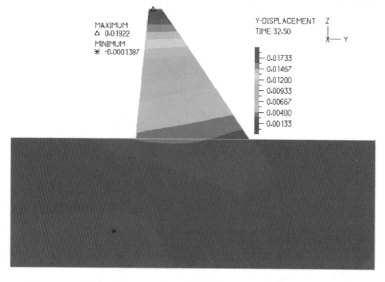

图 6.3-15 上游坡比 0.1、下游坡比 0.7 的水平位移图（单位：m）

坝体的最大垂直位移为 5.5mm，出现位置在坝底中部略向上。

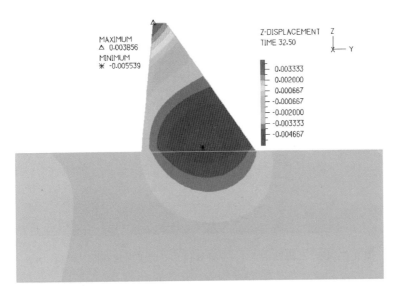

图 6.3-16　上游坡比 0.1、下游坡比 0.7 的竖向
位移图（单位：m）

（2）上游坡比 0.4、下游坡比 0.5。分析坝体的位移图（图 6.3-17 和图 6.3-18）可知，坝体的最大水平位移为 12mm，出现位置在上游坝顶处；坝体的最大垂直位移为 6.3mm，出现位置在坝底中部略向上。

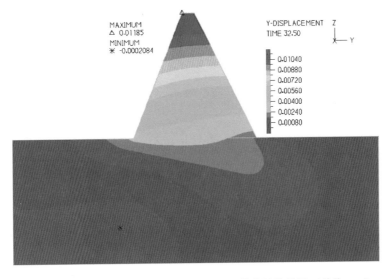

图 6.3-17　上游坡比 0.4、下游坡比 0.5 的水平位移图（单位：m）

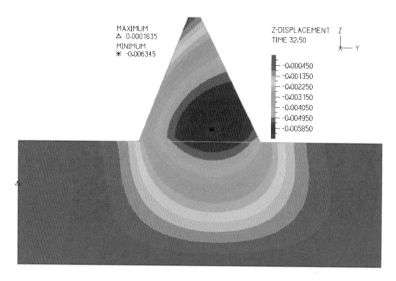

图 6.3-18 上游坡比 0.4、下游坡比 0.5 的竖向位移图（单位：m）

（3）上游坡比 0.4、下游坡比 0.7。分析坝体的位移图（图 6.3-19 和图 6.3-20）可知，坝体的最大水平位移为 8.3mm，出现位置在上游坝顶处；坝体的最大垂直位移为 6.5mm，出现位置在坝底中部略向上。

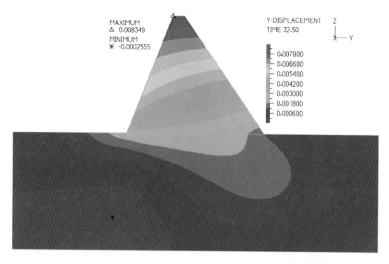

图 6.3-19 上游坡比 0.4、下游坡比 0.7 的水平位移图（单位：m）

6.3.4.3 结论

比较不同坡比时的应力及位移图，可以得到：

（1）坝体大主应力分布趋势随着边坡的变陡发生变化，但应力值的改变主

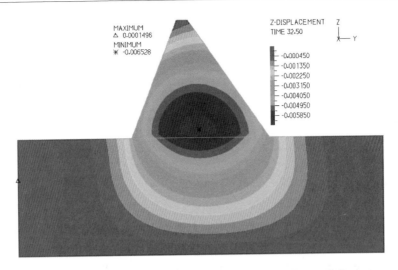

图 6.3-20 上游坡比 0.4、下游坡比 0.7 的竖向位移图（单位：m）

要受坝高的影响。

（2）坝体小主应力分布趋势基本保持稳定，但是最大小主应力随着上、下游边坡的变缓而减小，应力值的变化受坝高和上、下游边坡的共同影响。

（3）对坡比为 1：0.7 的对称剖面而言，用有限元法得到的坝底中部的大主应力值均大于坝体边缘处的大主应力值，即大主应力的最大值位于坝底中部。但在上述各种不同边坡条件下所给出的最大大主应力在坝趾处，主要是线性计算时应力集中影响较大，若扣除应力集中的影响，大主应力的最大值位于坝底中部偏向坝趾部位，这种偏移程度与上、下游坡比大小有关。随着上、下游坝坡变缓（坝底宽度变大），大主应力的最大值出现的部位就越接近坝底中部。反之，则越接近坝趾部位。

（4）坝体的最大水平位移随着坝坡的变陡而增大，同时坝体的最大垂直位移随着边坡的变陡而减小。这与上游水压力有一定关系，坝坡变陡则坝底宽度减小，从而垂直位移减小。

6.4 本章小结

本章以非线性和线性有限元方法研究不同坝高和边坡对坝体应力及位移的影响，计算结果对比表明：①胶凝砂砾石坝的大主应力、小主应力、水平位移、垂直位移变化规律基本一致；②坝体最大主应力、最大小主应力的出现位置和大小不同；③坝体最大水平位移、最大垂直位移的出现位置和大小不同。

第 7 章

模 型 试 验 及 评 价

7.1 研究背景

胶凝砂砾石材料物理力学性质主要表现为：胶凝砂砾石材料是在砂砾料中掺入了少量的胶凝材料，其物理力学性质随胶凝材料含量的改变而改变。胶凝砂砾石坝作为一种新材料坝型，有必要研究坝体在荷载作用下的应力分布情况，探究大坝的真实安全度，评价坝型结构的可靠性。

工程实践中，坝体应力分析的方法有：以材料力学法为主的理论分析法、以弹性理论为基础的有限元法和线弹性应力模型试验方法。胶凝砂砾石坝作为一种新的坝型，其强度介于混凝土坝与土石坝之间，结构剖面形式也介于重力坝与土石坝之间，在结构应力分析及稳定计算时，还需要通过结构模型试验来加以验证。

水工结构模型是将原型结构按相似原理做成模型，模型不仅要模拟建筑物及其基础的实际工作状况，同时还要考虑多种荷载组合（正常的和非正常的）以及复杂的边界条件。根据模型试验观测和采集到的应力、应变、位移等数据，再经过模型相似率的换算，则可求得原型建筑物上的力学特征，以此解决工程设计中提出的复杂结构问题。

试验目的有以下几个方面。

（1）研究和完善胶凝砂砾石坝结构模型破坏试验工艺及方法，研制出胶凝砂砾石坝相似材料及相应的试验模拟新技术，建立材料强度与胶凝材料、骨料级配之间的关系，得到胶凝砂砾石坝模型材料强度控制方法，实现原型材料弹性阶段模拟。

（2）通过模型试验，得到坝体正常荷载下的应力和变形状态，了解模型真实应力分布情况，并配合计算分析，相互验证，判断坝体各部位受力情况。

（3）通过试验，模拟坝体浇筑过程，并运用量测设备监测坝体与坝基应力应变情况，分析施工期坝体自重对坝基及坝体的影响。

7.2 模型相似关系

由弹性力学可知，结构受力后处于弹性阶段时，模型内所有点均应满足弹性力学的几个基本方程和边界条件。

7.2.1 平衡方程

原型的平衡方程为

$$
\left.\begin{aligned}
\left(\frac{\partial \sigma_x}{\partial x}\right)_p + \left(\frac{\partial \sigma_{yx}}{\partial y}\right)_p + \left(\frac{\partial \sigma_{zx}}{\partial z}\right)_p + X_p = 0 \\
\left(\frac{\partial \sigma_y}{\partial y}\right)_p + \left(\frac{\partial \sigma_{zy}}{\partial z}\right)_p + \left(\frac{\partial \sigma_{xy}}{\partial x}\right)_p + Y_p = 0 \\
\left(\frac{\partial \sigma_z}{\partial z}\right)_p + \left(\frac{\partial \sigma_{xz}}{\partial x}\right)_p + \left(\frac{\partial \sigma_{yz}}{\partial y}\right)_p + Z_p = 0
\end{aligned}\right\}
\tag{7.2-1}
$$

模型的平衡方程为

$$
\left.\begin{aligned}
\left(\frac{\partial \sigma_x}{\partial x}\right)_m + \left(\frac{\partial \sigma_{yx}}{\partial y}\right)_m + \left(\frac{\partial \sigma_{zx}}{\partial z}\right)_m + X_m = 0 \\
\left(\frac{\partial \sigma_y}{\partial y}\right)_m + \left(\frac{\partial \sigma_{zy}}{\partial z}\right)_m + \left(\frac{\partial \sigma_{xy}}{\partial x}\right)_m + Y_m = 0 \\
\left(\frac{\partial \sigma_z}{\partial z}\right)_m + \left(\frac{\partial \sigma_{xz}}{\partial x}\right)_m + \left(\frac{\partial \sigma_{yz}}{\partial y}\right)_m + Z_m = 0
\end{aligned}\right\}
\tag{7.2-2}
$$

将相似常数 C_σ、C_l、C_X 代入得

$$
\left.\begin{aligned}
\left(\frac{\partial \sigma_x}{\partial x}\right)_m + \left(\frac{\partial \sigma_{yx}}{\partial y}\right)_m + \left(\frac{\partial \sigma_{zx}}{\partial z}\right)_m + \frac{C_X C_l}{C_\sigma} X_m = 0 \\
\left(\frac{\partial \sigma_y}{\partial y}\right)_m + \left(\frac{\partial \sigma_{zy}}{\partial z}\right)_m + \left(\frac{\partial \sigma_{xy}}{\partial x}\right)_m + \frac{C_X C_l}{C_\sigma} Y_m = 0 \\
\left(\frac{\partial \sigma_z}{\partial z}\right)_m + \left(\frac{\partial \sigma_{xz}}{\partial x}\right)_m + \left(\frac{\partial \sigma_{yz}}{\partial y}\right)_m + \frac{C_X C_l}{C_\sigma} Z_m = 0
\end{aligned}\right\}
\tag{7.2-3}
$$

比较式（7.2-2）与式（7.2-3），可得相似指标：

$$
\frac{C_X C_l}{C_\sigma} = 1
\tag{7.2-4}
$$

7.2.2 几何方程

原型的几何方程为

$$\left.\begin{array}{l}(\varepsilon_x)_p=\left(\dfrac{\partial u}{\partial x}\right)_p \;;\; (\gamma_{xy})_p=\left(\dfrac{\partial u}{\partial y}\right)_p+\left(\dfrac{\partial v}{\partial x}\right)_p \\[3mm] (\varepsilon_y)_p=\left(\dfrac{\partial v}{\partial y}\right)_p \;;\; (\gamma_{yz})_p=\left(\dfrac{\partial v}{\partial z}\right)_p+\left(\dfrac{\partial w}{\partial y}\right)_p \\[3mm] (\varepsilon_z)_p=\left(\dfrac{\partial w}{\partial z}\right)_p \;;\; (\gamma_{zx})_p=\left(\dfrac{\partial u}{\partial z}\right)_p+\left(\dfrac{\partial w}{\partial x}\right)_p \end{array}\right\} \tag{7.2-5}$$

模型的几何方程为

$$\left.\begin{array}{l}(\varepsilon_x)_m=\left(\dfrac{\partial u}{\partial x}\right)_m \;;\; (\gamma_{xy})_m=\left(\dfrac{\partial u}{\partial y}\right)_m+\left(\dfrac{\partial v}{\partial x}\right)_m \\[3mm] (\varepsilon_y)_m=\left(\dfrac{\partial v}{\partial y}\right)_m \;;\; (\gamma_{yz})_m=\left(\dfrac{\partial v}{\partial z}\right)_m+\left(\dfrac{\partial w}{\partial y}\right)_m \\[3mm] (\varepsilon_z)_m=\left(\dfrac{\partial w}{\partial z}\right)_m \;;\; (\gamma_{zx})_m=\left(\dfrac{\partial u}{\partial z}\right)_m+\left(\dfrac{\partial w}{\partial x}\right)_m \end{array}\right\} \tag{7.2-6}$$

将相似常数 C_ε、C_δ、C_l 代入得

$$\left.\begin{array}{l}\dfrac{C_\varepsilon C_l}{C_\delta}(\varepsilon_x)_m=\left(\dfrac{\partial u}{\partial x}\right)_m \;;\; \dfrac{C_\varepsilon C_l}{C_\delta}(\gamma_{xy})_m=\left(\dfrac{\partial u}{\partial y}\right)_m+\left(\dfrac{\partial v}{\partial x}\right)_m \\[3mm] \dfrac{C_\varepsilon C_l}{C_\delta}(\varepsilon_y)_m=\left(\dfrac{\partial v}{\partial y}\right)_m \;;\; \dfrac{C_\varepsilon C_l}{C_\delta}(\gamma_{yz})_m=\left(\dfrac{\partial v}{\partial z}\right)_m+\left(\dfrac{\partial w}{\partial y}\right)_m \\[3mm] \dfrac{C_\varepsilon C_l}{C_\delta}(\varepsilon_z)_m=\left(\dfrac{\partial w}{\partial z}\right)_m \;;\; \dfrac{C_\varepsilon C_l}{C_\delta}(\gamma_{zx})_m=\left(\dfrac{\partial u}{\partial z}\right)_m+\left(\dfrac{\partial w}{\partial x}\right)_m \end{array}\right\} \tag{7.2-7}$$

比较式 (7.2-6) 与式 (7.2-7)，可得相似指标：

$$\frac{C_\varepsilon C_l}{C_\delta}=1 \tag{7.2-8}$$

7.2.3 物理方程

原型的物理方程为

$$\left.\begin{array}{l}(\varepsilon_x)_p=\left[\dfrac{\sigma_x-\nu(\sigma_y+\sigma_z)}{E}\right]_p \;;\; (\gamma_{xy})_p=\left[\dfrac{2(1+\nu)}{E}\tau_{xy}\right]_p \\[3mm] (\varepsilon_y)_p=\left[\dfrac{\sigma_y-\nu(\sigma_x+\sigma_z)}{E}\right]_p \;;\; (\gamma_{yz})_p=\left[\dfrac{2(1+\nu)}{E}\tau_{yz}\right]_p \\[3mm] (\varepsilon_z)_p=\left[\dfrac{\sigma_z-\nu(\sigma_x+\sigma_y)}{E}\right]_p \;;\; (\gamma_{zx})_p=\left[\dfrac{2(1+\nu)}{E}\tau_{zx}\right]_p \end{array}\right\} \tag{7.2-9}$$

模型的物理方程为

$$\left.\begin{array}{ll}(\varepsilon_x)_m=\left[\dfrac{\sigma_x-\nu_m(\sigma_y+\sigma_z)}{E}\right]_m; & (\gamma_{xy})_m=\left[\dfrac{2(1+\nu_m)}{E}\tau_{xy}\right]_m\\[4mm](\varepsilon_y)_m=\left[\dfrac{\sigma_y-\nu_m(\sigma_x+\sigma_z)}{E}\right]_m; & (\gamma_{yz})_m=\left[\dfrac{2(1+\nu_m)}{E}\tau_{yz}\right]_m\\[4mm](\varepsilon_z)_m=\left[\dfrac{\sigma_z-\nu_m(\sigma_x+\sigma_y)}{E}\right]_m; & (\gamma_{zx})_m=\left[\dfrac{2(1+\nu_m)}{E}\tau_{zx}\right]_m\end{array}\right\} \quad (7.2-10)$$

将相似常数 C_ε、C_σ、C_E、C_ν 代入得

$$\left.\begin{array}{ll}(\varepsilon_x)_m=\dfrac{C_\sigma}{C_\varepsilon C_E}\left[\dfrac{\sigma_x-C_\nu\nu(\sigma_y+\sigma_z)}{E}\right]_m; & (\gamma_{xy})_m=\dfrac{C_\sigma}{C_\varepsilon C_E}\left[\dfrac{2(1+C_\nu\nu)}{E}\tau_{xy}\right]_m\\[4mm](\varepsilon_y)_m=\dfrac{C_\sigma}{C_\varepsilon C_E}\left[\dfrac{\sigma_y-C_\nu\nu(\sigma_x+\sigma_z)}{E}\right]_m; & (\gamma_{yz})_m=\dfrac{C_\sigma}{C_\varepsilon C_E}\left[\dfrac{2(1+C_\nu\nu)}{E}\tau_{yz}\right]_m\\[4mm](\varepsilon_z)_m=\dfrac{C_\sigma}{C_\varepsilon C_E}\left[\dfrac{\sigma_z-C_\nu\nu(\sigma_x+\sigma_y)}{E}\right]_m; & (\gamma_{zx})_m=\dfrac{C_\sigma}{C_\varepsilon C_E}\left[\dfrac{2(1+C_\nu\nu)}{E}\tau_{zx}\right]_m\end{array}\right\}$$

$$(7.2-11)$$

比较式 (7.2-10) 与式 (7.2-11)，可得相似指标：

$$\frac{C_\sigma}{C_\varepsilon C_E}=1;C_\nu=1 \quad\quad (7.2-12)$$

7.2.4　边界条件

原型的边界条件为

$$\left.\begin{array}{l}(\bar{\sigma}_x)_p=(\sigma_x)_pl+(\sigma_{xy})_pm+(\sigma_{zx})_pn\\[2mm](\bar{\sigma}_y)_p=(\sigma_{xy})_pl+(\sigma_y)_pm+(\sigma_{zy})_pn\\[2mm](\bar{\sigma}_z)_p=(\sigma_{zx})_pl+(\sigma_{zy})_pm+(\sigma_z)_pn\end{array}\right\} \quad (7.2-13)$$

模型的边界条件为

$$\left.\begin{array}{l}(\bar{\sigma}_x)_m=(\sigma_x)_ml+(\sigma_{xy})_mm+(\sigma_{zx})_mn\\[2mm](\bar{\sigma}_y)_m=(\sigma_{xy})_ml+(\sigma_y)_mm+(\sigma_{zy})_mn\\[2mm](\bar{\sigma}_z)_m=(\sigma_{zx})_ml+(\sigma_{zy})_mm+(\sigma_z)_mn\end{array}\right\} \quad (7.2-14)$$

将相似常数 $C_{\bar{\sigma}}$、C_σ 代入得

$$\left.\begin{array}{l}\left(\dfrac{C_{\bar{\sigma}}}{C_\sigma}\right)(\bar{\sigma}_x)_m=(\sigma_x)_ml+(\sigma_{xy})_mm+(\sigma_{zx})_mn\\[4mm]\left(\dfrac{C_{\bar{\sigma}}}{C_\sigma}\right)(\bar{\sigma}_y)_m=(\sigma_{xy})_ml+(\sigma_y)_mm+(\sigma_{zy})_mn\\[4mm]\left(\dfrac{C_{\bar{\sigma}}}{C_\sigma}\right)(\bar{\sigma}_z)_m=(\sigma_{zx})_ml+(\sigma_{zy})_mm+(\sigma_z)_mn\end{array}\right\} \quad (7.2-15)$$

比较式 (7.2-14) 与式 (7.2-15)，可得相似指标：

$$\frac{C_{\bar{\sigma}}}{C_\sigma}=1 \quad\quad (7.2-16)$$

可见当模型满足相似关系式（7.2-4）、式（7.2-8）、式（7.2-12）、式（7.2-16）时，原型与模型的平衡方程、相容方程、几何方程、边界条件和物理方程将恒等。这些式子称为模型弹性阶段的相似判据。

7.2.5 相似关系在胶凝砂砾石坝模型中的应用

胶凝砂砾石坝承受的主要荷载是水压力、扬压力和坝体自重，水压力和扬压力是以面力形式作用，自重是以体积力形式作用，则有

$$\left.\begin{aligned}
&\bar{\sigma}_p = \gamma_p h_p \ ; \bar{\sigma}_m = \gamma_m h_m \\
&C_{\bar{\sigma}} = C_\gamma C_l \\
&X_p = \rho_p g \ ; X_m = \rho_m g \\
&C_X = C_\rho
\end{aligned}\right\} \qquad (7.2-17)$$

根据式（7.2-4）、式（7.2-8）、式（7.2-12）、式（7.2-16），可得坝体模型试验的相似关系：

$$\left.\begin{aligned}
&C_\nu = 1 \\
&C_\gamma = C_\rho \\
&C_\sigma = C_\gamma C_l \\
&C_\varepsilon = C_\gamma C_l / C_E \\
&C_\delta = C_\gamma C_l^2 / C_E
\end{aligned}\right\} \qquad (7.2-18)$$

以上式中：σ、τ 分别为正应力和剪应力；u、v 和 w 分别为相应于直角坐标系 x、y 和 z 方向的位移；ε 为正应变；γ 为剪应变；l、m、n 分别为方向余弦；X、Y、Z 分别为体力；下标 m 表示模型；下标 p 表示原型；E_m、ν_m 分别为模型材料的弹性模量和泊松比。

7.3 模型设计与制作

7.3.1 相似关系

结构的线弹性应力模型试验可以简称为线弹性模型试验。通常通过这种模型试验来研究水工混凝土建筑物在正常或非正常工作条件下的结构性态，即研究在正常或特殊设计荷载作用下，建筑物（如坝体）的应力和变形状态。这是经常采用的一种模型试验，它能反映出建筑物的实际工作状态，可为工程设计和科学研究工作提供可靠的试验数据。

线弹性模型需要满足相似条件，其相似判据有：①$C_\sigma / C_X C_L = 1$；②$C_\nu = 1$；③$C_\varepsilon C_E / C_\sigma = 1$；④$C_\varepsilon C_L / C_\delta = 1$；⑤$C_{\bar{\sigma}} / C_\sigma = 1$。

其中，混凝土坝在自重和水压力作用下的相似判据有：①$C_\gamma = C_\rho$；②C_σ

$=C_\gamma C_L$；③$C_\varepsilon=C_\gamma C_L/C_E$；④$C_\delta=C_\gamma C_L^2/C_E$。

线弹性模型除了要满足几何相似和荷载强度相似条件外，还要满足原型和模型材料性能在弹性阶段相似的要求，即原型和模型材料的弹性模量 E 和泊松比 ν 应满足相似条件。具体地说，原型和模型材料的泊松比应该相等，即 $\nu_p=\nu_m$，ν_p、ν_m 分别表示原型和模型的泊松比。

7.3.2 模型几何比选择及模拟范围确定

模型试验初步确定相似系数和相似指标如下。

(1) 几何相似常数：$C_L=100$。

(2) 容重相似常数：$C_\gamma=1$。

(3) 泊松比相似常数：$C_\nu=1.0$。

(4) 应变相似常数：$C_\varepsilon=1.0$。

(5) 应力相似常数：$C_\sigma=C_\gamma C_L=100$。

(6) 位移相似常数：$C_\delta=C_L=100$。

(7) 荷载相似常数：$C_F=C_\gamma C_L^3=1\times100^3$。

(8) 变模相似常数：$C_E=C_\sigma=100$。

(9) 摩擦系数相似常数：$C_f=1$。

(10) 凝聚力相似常数：$C_c=C_\sigma=100$。

确定模型坝高 $H=60.6\text{cm}$，坝基模拟深度为 50m，上游模拟 30m，下游模拟 150m，即模型坝基深度为 50cm，上游模型长 30cm，下游模型长 150cm。以坝体上游坝踵为原点，进行坐标设定。若坝体弹性模量为 5GPa，则模型材料弹性模量为 50MPa。

7.3.3 模型材料试验

7.3.3.1 水工结构模型试验材料的基本要求

模型试验在各试验阶段，即应力阶段和破坏阶段，由于结构受力情况存在差异，研究弹性范围内的线弹性应力模型试验，与研究超出弹性范围直至破坏的弹塑性模型试验，对模型的相似要求、试验研究目的有着不同的材料要求。而在满足量测仪器的精度和便于模型加工制作等方面，两者对模型材料的要求存在相同之处。

(1) 模型材料满足各向同性和连续性，与原型材料的物理、力学性能相似，且在正常荷载下无明显残余变形。

(2) 两者泊松比相等或至少相近。

(3) 要求模型材料的弹性模量应有较大的可调范围，以供选择，并且能满足试验要求的强度和承载能力。

（4）模型材料具有较好的和易性，便于制模、施工和修补。物理、力学、化学、热学等性能稳定，受时间、温度、湿度等变化的影响小。

（5）料源丰富，价格便宜，容易购买。

应力模型对材料的特殊要求有以下两个方面。

（1）混凝土和石膏等模型材料在较小应力范围内存在非弹性残余应变，重复多次加载、卸载，其应力应变曲线才趋于直线。当选择的材料弹性模量大于 2.0×10^3 MPa 时，非弹性变形影响微小，可以忽略不计；当不大于 2.0×10^3 MPa 时，可以通过模型测试前反复多次预压降低其影响。

（2）泊松比对应力应变影响较大，而结构应力模型以测应力应变为主要目的，对泊松比要求则更高。

7.3.3.2　材料的选择

为模拟胶凝砂砾石材料力学特性，在模型材料中选择粗砂模拟原型粗骨料，选择重晶石粉作为填充料模拟原型细骨料，选择石膏粉作为胶凝材料，通过石膏含量及水膏比控制材料强度。由于模型材料中多余水分在干燥过程中蒸发出来，可以使石膏块体内部形成很多微小的气孔，达到控制模型材料强度的目的，并利用此特点模拟原型材料离散性。

弹塑性模型即结构模型破坏试验中，当试验在超载阶段时，材料已超出其弹性范围，进入弹塑性阶段，此时试验测得的应变不能用来换算成应力，但可以作为判断结构安全度和开裂破坏的参考依据，从定性的角度分析结构物的变形破坏特征。

7.3.3.3　材料试验

胶凝砂砾石坝体模型材料采用重晶石粉、模型沙作为骨料，采用石膏、高分子材料作为胶结剂，通过配比试验，得到与原型相似的胶凝砂砾石坝体模型材料，并通过变形模量试验，得到模型材料弹性模量为 46.02MPa，基本满足模型试验相似要求。坝体材料试验如图 7.3-1 所示。

7.3.4　模型制作及加工工艺

模型的制作分为模型槽制作、坝基砌筑、坝体浇制及拼接等部分，其中模型槽制作和坝体浇制需在前期完成，坝基砌筑和坝体拼接则依后有序进行。

7.3.4.1　模型槽制作

模型槽即为模型的模拟边界，在选择模型的几何比尺之后，模型的边界也是确定的。模型槽的主要作用是承担坝基的边界约束作用和布置加载系统时承受千斤顶的反推力，同时，在模型槽内布置若干辅助线，将有助于模型砌筑和

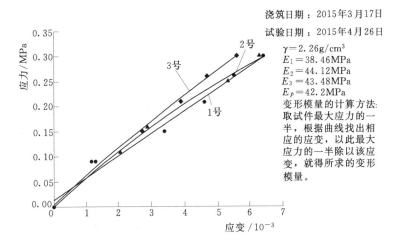

浇筑日期：2015年3月17日

试验日期：2015年4月26日

$\gamma = 2.26\text{g/cm}^3$
$E_1 = 38.46\text{MPa}$
$E_2 = 44.12\text{MPa}$
$E_3 = 43.48\text{MPa}$
$E_P = 42.2\text{MPa}$
变形模量的计算方法：
取试件最大应力的一半，根据曲线找出相应的应变，以此最大应力的一半除以该应变，就得所求的变形模量。

图 7.3-1　坝体材料试验应力应变关系图

拼接时的放样和定位。此外，模型槽还起到保护模型的作用。模型槽需建立在牢固的基础上，受外界干扰和气候影响要小。当结构模型为整体模型（如拱坝整体结构模型）时，此时模型一般较大，常用混凝土制作模型槽，并在模型槽上布置传压系统。当结构模型为局部模型时，模型相对较小，如模拟重力坝或支墩坝的若干坝段，可用钢化玻璃配合钢结构制作模型槽；若模型为拱坝的某层拱圈时，则常搭建平台。

7.3.4.2　坝基砌筑

坝基在模型槽制作好之后便可以砌筑，实际工程中地基材料一般不与坝体材料相同，且地基中存在各种结构面和节理裂隙。当地基为均质岩体时，模型中常采用石膏预置；当地基地质条件复杂时，常采用石膏掺重晶石粉等压制成的各种大、小块体，来分别模拟各种地质构造（如断层、蚀变带等）和节理裂隙以及连通率。但由于结构应力模型试验和结构模型破坏试验，均以研究结构物（坝体）本身为重点，若对地基未做特殊要求，则可以对地基的模拟进行适当简化，只重点模拟对坝体应力应变影响相对较大的因素。

模型坝基的加工视具体情况而异。当坝体与坝基为同一均质材料时，对于小模型，坝体与坝基可一次浇成并雕刻成型；对于大模型，可将坝体与坝基分别加工成型。当坝体与坝基不是相同的均质材料时，坝体部分单独加工成型，并采用相应于坝基模型弹性模量的材料预制块，根据模型模拟的坝基范围，由简化的地形图和地质构造资料，分层分块加工成坝基模型。

7.3.4.3　坝体浇制及拼接

坝体的制作及黏结历时较长，一般先于或者与模型槽制作同步进行。坝体浇制分为以下步骤。

(1) 模坯制作工艺及要求。坝体模坯常采用石膏材料制作，浇制前，应对所使用的石膏粉做准备实验，测定其物理力学指标，然后才能选用。对存放较久的袋装石膏，由于受潮影响，各袋质量不一，浇制的块体物理力学性能差别较大。即使是新购的石膏粉，由于天然石膏纯度上的差别，且在炉中煅烧程度不一，出厂的石膏粉各袋的质量也有所差异。因此，浇制毛坯前最好将使用的石膏混合拌匀再使用。

浇制坝体模坯时，先称好石膏粉和水的重量，将石膏粉逐步倒入盛水的桶中，边倒边搅拌，且搅拌要均匀及时，在石膏浆初凝前 $1.5\sim2.0$min 时倒入预先装配好的木制模具中凝固即可，这时应特别注意防止漏浆。为了保证模坯质量，首先必须严格控制好水膏比，因为水分含量的多少直接影响块体的弹性模量和强度的高低；其次根据材料的配合比拌和材料，必须使浇制的块体质量均匀，这既要注意搅匀，又要掌握好入模的时间。入模过晚，则部分石膏浆已初凝；入模过早，则石膏将可能产生离析现象，造成质量不均匀。同时要控制好石膏浆的入模高度，倒入石膏浆过高，带入空气，如气泡排不出，形成气孔，也会影响质量或产生过大的各向异性。当浇制拱坝坝体时，由于模坯较大，石膏浆较多，在条件可能的情况下，一次拌浆入模较为理想，同时注意排气，使气泡达到最少。因为拱坝模型常是倒置浇筑的，气泡不易排出。一般用一个下部接有大直径橡皮管的漏斗，先将石膏浆倒入漏斗，再进入坝体木模，以减小注浆高度。关于模坯浇筑用的木模，一般用干燥、坚硬、变形小的木料制成，特别是拱坝木模宜采用柏木或其他硬杂木，不宜采用松杉木。制作的坝体木模应比模型实际尺寸大些，使浇出的坝体模坯的厚度有一定的富余量，不宜将木模尺寸制成和坝体一样精确。因为浇制出来的模坯表面往往是一层硬壳并附有油污，力学性能也不稳定，而且模坯干燥过程中可能产生变形或局部损坏，加之制作木模的精度也难以准确等，这些势必影响几何尺寸。另外，为了雕刻坝体的需要和防止坝底损坏，木模应比模型坝体的高度适当高些，整个坝体弧长也应适当加大，因为制作模坯时的不少气孔往往出现在拱弧端面附近，这些富余量待坝体雕刻成型后再按要求刮去。

(2) 模坯的干燥。模坯预置好后，待其硬化即可脱模。由于坝体模坯潮湿能降低电阻应变片的绝缘电阻，为了防止受潮影响，除做好应变片的表面防潮外，更重要的是要求模型材料必须干燥，并达到一定的绝缘度，否则会降低应变片的绝缘电阻，使其灵敏度降低，形成量测误差，甚至无法量测。因此，模型材料的干燥是保证量测质量的重要环节之一。只有模型材料达到一定的干燥程度后，其物理力学性能才稳定，所测得的数据才可靠。

石膏或石膏硅藻土材料浇制的模坯不易干燥，因为石膏极易吸潮，若试验进程允许，在每年的 5 月浇坯，经 6—8 月的高温天气自然干燥，效果甚好，且受热均匀，比人工干燥的质量高。当然，也可用人工加热的方法进行干燥，有条件时可设烘房，用电炉或远红外板、远红外灯及管等进行烘烤。当采用 20cm×30cm 的远红外板烘烤时，必须注意，应严格控制温度不得超过 40～45℃，且模坯受热要均匀。温度过高，会形成脱水现象，致使模坯表面呈粉状，强度和弹性模量明显降低，这是不允许的。因此，烘烤时可在模坯表面悬挂温度计监测，以便及时调整烘烤温度。

根据以往实践，模坯干燥后，当绝缘度达到 1000MΩ 以上时即可储存待用，加工拼装时，其绝缘度一般均在 500MΩ 以上。将这些加工成型的块体黏结成型，即便不用酚醛清漆封闭，其绝缘度亦可达 200MΩ 以上，这样足以满足应变量测之需。

毛坯烘干后，其体形起始阶段会有所缩小，因此毛坯大小应根据情况比实际模型稍大，但也不能过大，造成不必要的材料浪费和毛坯搬运难度的增大。当坝体较大或坝体较重，搬运时容易损坏，常将坝体分成几部分制作，同时一般情况下要准备两个毛坯，一个备用，以防止另一个损坏而影响试验进度。干燥后一般还要检查坝体的干燥程度和均匀性，可采用超声波仪或声波仪检验其内部质量的均匀性，以便选择优质的块体制作模型。

（3）模坯雕刻与加工。由于毛坯较实际坝体大小要大，在拼接前和拼接后，要对毛坯进行多次修整。模坯加工既可人工加工，也可用机械加工，对于复杂的模型如拱坝坝体的雕刻加工，为保证加工精度，一般采用雕刻机进行加工，最后用人工精加工成型，对平面模型试验的模坯，亦可用机械刨平拼装，可大大缩短模型制作周期。

模型雕刻加工质量必须严格控制。如对拱坝模型而言，雕刻误差限制在 1mm 以内。因此，加工必须精细。当采用人工加工模坯时，更应该严格控制几何形状和尺寸，反复用预先制作好的样板校正，而且宜由专人负责加工，以保证质量。

（4）坝体黏结与拼装。当地基砌筑到一定程度时，就应该把坝体黏结在基础上。若坝体分块，则坝的黏结也分步进行。但黏结时，必须保证坝体不能发生偏移，且不能对地基产生较大的附加应力和变形。

模型的黏结，首先需选用黏结剂。在石膏应力模型试验中，对黏结剂的要求是：具有一定的黏结强度，弹性模量与被黏结的模型块相近，固化后在室温下性能稳定。常用的黏结剂为：以环氧树脂为主要成分的黏结剂、淀粉-石膏黏结剂、桃胶-石膏黏结剂等。此外，酵母石膏，即在一定的水膏比的石膏浆中加 3% 左右的酵母，主要起缓凝的作用，可用于拱坝整体模型地基岩体的黏结。

选定黏结剂后，在模型进行黏结前，为了预防黏结液渗入而影响黏结质量和强度，应在黏结面上涂 2～3 次防潮清漆，每涂一次清漆，要待完全干燥后再涂下一次。黏结面在黏结前应拂刷干净，不留粉尘，以免影响黏结质量。

黏结时，应在两个黏结面上均匀涂抹上一层黏结剂，数量不可太少，应以黏结时在模型块上加压后缝面四周能挤出一些黏结剂为宜。黏结时应注意将气泡排净，以保证全面积黏合均匀。每黏结一层，都要有控制定位的措施，以防错位。

黏结时，应对黏结面上及其附近的应变片采取保护措施，以防黏结剂影响应变片的工作性能。常用的办法是将应变片表面用蜡封好后，再在其表面涂凡士林，并盖上一层电容纸防渗。

7.3.5　模型加载系统

施加在模型上的面力主要可以分为两种类型：一种是单位面力强度为常数，如楼顶上的雪荷载或木板上堆放的材料等；另一种是单位面力强度为线性变化，如静水压力。当单位面力强度为常数时，比较好的加荷方法是利用足够数目的加载杆，把荷载悬挂在模型下面。至于单位面力强度为线性变化的静水压力，常用下述 3 种加荷的方法。

（1）用液体加荷。用液体加荷时，其作用力沿高度呈三角形分布，可以较为准确地模拟水工建筑物所承受的水荷载，所以常被采用，尤其是水银，由于其容重大，故常被用于模型加荷。为实现加荷目的，通常用橡胶袋盛水银或其他加荷液体。

（2）用气压加荷。在模型试验中，为了避免水银蒸汽对人体的危害，出现了用气压代替水银加荷的方法。根据静水压力的分布规律，用多条气压袋在坝体表面阶梯状分布模拟静水压力的三角形分布。但气压加荷只适用于线弹性应力模型试验。虽然气压强度可以改变，但由于气压袋能承受的压力有限，为了安全起见，气压加荷方法一般不用于破坏试验。

（3）用油压千斤顶加荷。这种方法在结构模型试验中采用比较广泛，其主要的优点是能够根据需要连续调节千斤顶内的油压，满足破坏试验的超载要求。

油压千斤顶加荷装置由高压油泵、稳压器、分油器、油压千斤顶、量测仪表和传压垫块所组成。高压油泵可根据需要采用手动或电动的。油泵的最大油压可根据试验需要的最大压力再加上一定的安全富余量而定，稳压器实际上就是一个有足够容积的高压容器，其作用是使油压压强相对稳定。

坝体承受的主要荷载有水压力、淤沙压力、坝体自重、渗透压力、温度荷载、地震荷载等。鉴于试验为三维地质力学静力模型，且渗压模拟技术在国内外尚未突破等因素，此次试验主要考虑水压力、淤沙压力、坝体自重及温度荷载，未考虑渗流场、扬压力和地震荷载的影响。在所考虑的荷载中，水压力以上游正常蓄水位计算；坝体自重以坝体材料与原型材料容重相等来实现；考虑到对坝肩稳定最不利的是温升荷载，故温度荷载按温升计，但因在模型试验难以准确模拟温度场，故温度荷载按温度当量荷载近似模拟。加载系统布置如图7.3-2所示。

图 7.3 - 2　加载系统布置图

7.3.6　模拟量测系统

模型的量测系统分为坝体的应变量测系统和大坝的位移量测系统，分别量测应变和位移，其中应变采用电阻应变片进行监测，每个测点布置3片互成45°的直角式应变片（应变花），同时设置了补偿片以消除温度效应。运用万能数值测试装置 UCAM - 70A 量测数据。在坝基面以下3cm处布置9个应变测点，坝体底部布置9个应变测点，坝体中下部，距离坝基面23cm处布置5个应变测点，并在坝体另一侧相同位置布置测点，如图7.3-2所示。

坝体表面位移采用 SP - 10A 位移数显仪测试。在坝体下游面坝顶、下游面转折处和1/2坝高、坝趾和坝基上分别布置水平向和竖直向的位移传感器，其布置如图 7.3-3 所示。

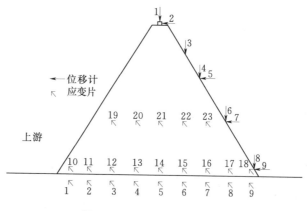

图 7.3-3　量测系统布置图

7.3.7　试验内容

模型试验包含两部分：胶凝砂砾石坝施工模拟试验和胶凝砂砾石坝整体模型试验。

（1）胶凝砂砾石坝施工模拟试验。将坝体分为 4 层，每层高 15m。试验中，逐级将坝体混凝土层加载至坝基，通过应变监测设备监测坝体加载过程中对坝基及坝体的影响，从而得到坝基及坝体在施工过程中的工作情况。

坝体逐级加载至坝顶后，采用高分子胶结材料将坝体黏结成整体，并采用千斤顶模拟上游水荷载，从而得到坝体施工过程及竣工后正常蓄水时的坝体应力应变情况。

（2）胶凝砂砾石坝整体模型试验。浇筑完整的胶凝砂砾石坝，将坝体与地基胶结，通过千斤顶加载至正常蓄水工况，通过量测仪器分析坝体的应力应变状况及位移情况，并与施工模拟试验相互验证。

7.3.8　试验过程

试验之前，首先对模型进行反复预压以消除附加变形与模型各部件之间存在的间隙，之后采用逐级增量法加压，再施加水平荷载，直到达到设计荷载。然后卸载水平荷载，在每级荷载的加载与卸载操作后保持 5～7min，使坝体应力应变分布均匀，位移充分发展之后记录加载与卸载过程中仪器的读数，计算各测点应变值与位移值，以获得自重及正常蓄水位下大坝的应力变形情况。

7.4 模型试验结果

7.4.1 施工模拟

按照大坝每 15m 一层的施工方案进行分层施工，施工模拟以第 3 层为例，如图 7.4-1 所示。

图 7.4-1 坝体施工模拟图

通过模拟坝体逐级施工加载过程，利用应变仪测得坝体及坝基应力应变值，并通过胡克公式，计算得到历次坝体施工过程坝基、坝底及坝体应力变化情况，见表 7.4-1～表 7.4-3。

表 7.4-1　　　　坝基受历次施工影响应力变化表　　　　单位：MPa

序　号	1	2	3	4	5	6	7	8	9
第 1 层加载	−0.06	0.28	0.31	0.56	0.38	0.46	0.43	0.36	−0.09
第 2 层加载	−0.03	0.29	0.35	0.56	0.53	0.50	0.51	0.39	−0.09
第 3 层加载	−0.06	0.30	0.50	0.80	0.70	0.60	0.69	0.46	−0.21
第 4 层加载	−0.08	0.46	0.61	0.81	0.71	0.64	0.70	0.50	−0.29

表7.4-2			坝底受历次施工影响应力变化表					单位：MPa	
序号	10	11	12	13	14	15	16	17	18
第2层加载	0.06	0.18	0.24	0.31	0.33	0.30	0.34	0.16	0.06
第3层加载	0.16	0.24	0.36	0.38	0.46	0.53	0.29	0.19	0.11
第4层加载	0.20	0.34	0.46	0.56	0.58	0.58	0.56	0.31	0.13

表7.4-3	坝体受历次施工影响应力变化表				单位：MPa
序号	19	20	21	22	23
第3层加载	0.08	0.04	0.25	0.14	−0.13
第4层加载	0.19	0.30	0.36	0.25	0.15

总体上，坝体和坝基都处于受压状态，仅在坝踵及坝趾处出现了一点拉应力。在同一高程测点布置面上，从坝踵到坝体中部、坝趾到坝体中部，坝体压应力逐渐增大，尤其在坝体中部附近压应力较大，分布较均匀；在不同高程上，压应力受坝体自重影响变化明显，最大压应力区出现在坝基中部。

7.4.2 正常运行

7.4.2.1 应力分布

在逐级施工加载过程中，通过高分子胶结材料，将坝体胶结，并采用千斤顶模拟上游水荷载，模拟坝体正常运行工况，从而得到坝体应力分布情况，叠加后的坝体应力分布情况见表7.4-4。

表7.4-4		坝 体 应 力 分 布 情 况								
坝基	序号	1	2	3	4	5	6	7	8	9
	σ_1/MPa	0.13	0.41	0.56	0.76	1.36	1.15	1.14	0.70	0.50
坝底	序号	10	11	12	13	14	15	16	17	18
	σ_1/MPa	0.04	0.40	0.54	0.69	0.95	0.86	1.03	0.95	0.99
坝中	序号	19	20	21	22	23				
	σ_1/MPa	0.08	0.43	0.80	0.30	0.38				

总体上，坝体和坝基都处于受压状态。受到坝体自重及水荷载作用影响，在同一高程测点布置面上，最大压应力区分布在坝体中部及下游部位；在不同高程上，压应力受坝体自重及水荷载影响变化明显，最大压应力区出现在坝基中部。

7.4.2.2 位移分布

在坝体下游面4个典型高程处共设置了9支表面位移计，分别量测坝体的径向和竖向变位，可获得各测点的位移值，坝体位移分布情况见表 7.4 - 5，径向变位以向下游为正，竖向变位以上抬为正。

表 7.4 - 5　　　　　　　　　坝体位移分布情况　　　　　　　单位：mm

通道 1	通道 2	通道 3	通道 4	通道 5	通道 7	通道 8	通道 9
-3	3	-2	-2	5	3	-2	4

坝体径向变位呈向下游变位，整体为上部变位大于下部变位，最大值出现在坝中部位，在正常工况下，为 5mm；坝体竖向变位总体较小，坝体变位整体向下，最大变位出现在坝顶，在正常工况下，为 3mm。

7.4.3　模型校核

将整体浇筑的胶凝砂砾石坝体与地基胶结，通过千斤顶模拟上游水荷载，从而得到完整坝体在正常工况下的运行情况。根据试验测得相应测点的应变情况，对所采集的应变数据利用胡克定律换算成模型的应力，再按相似关系式将模型应力及位移换算为原型大坝的应力，见表 7.4 - 6。

表 7.4 - 6　　　　　　　　　坝体测点应力值

坝基	序号	1	2	3	4	5	6	7	8	9
	σ_1/MPa	0.05	0.13	0.26	0.36	0.39	0.44	0.45	0.52	0.65
坝底	序号	10	11	12	13	14	15	16	17	18
	σ_1/MPa	0.08	0.20	0.34	0.49	0.45	0.46	0.43	0.65	0.87
坝中	序号	19	20	21	22	23				
	σ_1/MPa	0.08	0.33	0.43	0.40	0.48				

由表 7.4 - 6 可知，在不考虑坝体自重作用下，总体上坝体和坝基都处于受压状态，仅在坝踵处出现了一点拉应力。从坝踵到坝趾，坝体压应力逐渐增大，尤其在坝趾压应力较大，在坝体中部区压应力变化不大，分布较均匀；坝基都处于受压状态，同样从坝基上游到下游坝基压应力逐渐增大，在下游处最大。

为了验证施工模拟的准确性，在数据处理中，摘除施工模拟对坝体及地基产生影响的应变数据，只保留坝体受水荷载作用的应变数据，得到坝体应力情况见表 7.4 - 7。

通过对比发现，两种方式得到的坝体应力分布趋势较为一致，压应力数值相差较小，压应力值在量级上一致，可以证明施工模拟方式能够较准确地模拟施工过程，与传统的模型加载过程得到的结果一致。

表7.4-7 坝体测点应力值

坝基	序号	1	2	3	4	5	6	7	8	9
	σ_1/MPa	0.05	0.12	0.16	0.36	0.39	0.52	0.51	0.53	0.66
坝底	序号	10	11	12	13	14	15	16	17	18
	σ_1/MPa	−0.02	0.11	0.16	0.36	0.39	0.47	0.51	0.69	0.79
坝中	序号	19	20	21	22	23				
	σ_1/MPa	0.05	0.19	0.33	0.41	0.43				

7.5 本章小结

为验证数值分析结果的合理性，进行了模型试验研究，得到以下成果。

（1）研究和完善了胶凝砂砾石坝结构模型试验的工艺及方法，研制了胶凝砂砾石相似材料及相应的试验模拟技术，建立了材料强度与胶凝材料、骨料级配之间的关系，得到了胶凝砂砾石坝模型材料强度控制方法，实现了原型材料弹性阶段模拟。

（2）试验模拟了坝体施工过程，分析了施工期逐级加载自重对坝基及坝体的影响。

（3）根据模型试验得到的坝体应力分布规律及大小，对比数值分析结果，两者基本一致，均表现为：坝体最大压应力出现在坝底中部；在同一高程上，坝体中间及下游部位压应力较大，两侧较小。这与混凝土重力坝中材料力学法假定的应力分布规律明显不同。

第 8 章

胶凝砂砾石结构冻融仿真及工程应用

8.1 计算原理

8.1.1 温度和应力仿真计算理论与方法

当胶凝材料含量比较低时，胶凝砂砾石材料的应力应变关系是非线性的，而且具有明显的软化特性。此次研究以仿真计算为手段，探讨当胶凝材料含量比较低时，胶凝砂砾石坝的抗冻融措施。

结构仿真计算就是对胶凝砂砾石结构施工过程、外界条件及其材料性质的变化等因素进行较为精确细致的模拟计算，以得到与实际相符合的温度、应力和位移求解。对于大体积坝体，一般是分层浇筑的，还会采取一定的防裂措施，加之外界温度发生变化，胶凝砂砾石温度特性和力学计算参数都是随时间变化的，所以计算时必须充分考虑这些因素对计算结果的影响。由此，本章从传统非稳定温度及应力场的仿真计算理论开始，应用 Fortran 语言，编制相应的仿真计算程序。本章所介绍的理论模型是基于以下假设进行的。

（1）胶凝砂砾石是均匀连续的各向同性材料，服从小变形假设。

（2）热传导服从 Fourier 定律。

（3）各种载荷引起的各种应变满足叠加原理。

8.1.1.1 热传导方程

在计算域 R 内任何一点处，不稳定温度场 $T(x,y,z,t)$ 满足热传导连续方程：

$$\frac{\partial T}{\partial t} = a\left(\frac{\partial^2 T}{\partial x^2} + \frac{\partial^2 T}{\partial y^2} + \frac{\partial^2 T}{\partial z^2}\right) + \frac{\partial \theta}{\partial \tau} \qquad [\forall (x,y,z) \in R] \qquad (8.1-1)$$

式中：T 为混凝土温度，℃；a 为导温系数，$\mathrm{m^2/h}$；θ 为绝热温升，℃；τ 为龄期，d；t 为计算时间，d。

边界条件：

$$-\lambda \frac{\partial T(x,y,z,t)}{\partial n} = \beta [T(x,y,z,t) - T_a] \qquad (8.1-2)$$

式中：β 为放热系数，$kJ/(m^2 \cdot h \cdot \text{℃})$；$\lambda$ 为导热系数，$kJ/(m \cdot h \cdot \text{℃})$；$T_a$ 为环境温度，℃。

8.1.1.2 应力计算方程

混凝土在复杂应力状态下的应变增量包括弹性应变增量、徐变应变增量、温度应变增量、干缩应变增量和自生体积应变增量，因此有

$$\{\Delta\varepsilon_n\} = \{\Delta\varepsilon_n^e\} + \{\Delta\varepsilon_n^c\} + \{\Delta\varepsilon_n^T\} + \{\Delta\varepsilon_n^s\} + \{\varepsilon_n^0\} \qquad (8.1-3)$$

式中：$\{\Delta\varepsilon_n^e\}$ 为弹性应变增量；$\{\Delta\varepsilon_n^c\}$ 为徐变应变增量；$\{\Delta\varepsilon_n^T\}$ 为温度应变增量；$\{\Delta\varepsilon_n^s\}$ 为干缩应变增量；$\{\Delta\varepsilon_n^0\}$ 为自生体积应变增量。

(1) 弹性应变增量：

$$\{\Delta\varepsilon_n^e\} = \frac{1}{E(\overline{\tau}_n)}[Q][\Delta\sigma_n] \qquad \left(\overline{\tau}_n = \frac{\tau_{n-1} + \tau_n}{2}, \text{下同}\right) \qquad (8.1-4)$$

其中

$$[Q] = \begin{bmatrix} 1 & -\nu & -\nu & 0 & 0 & 0 \\ 0 & 1 & -\nu & 0 & 0 & 0 \\ 0 & 0 & 1 & 0 & 0 & 0 \\ 0 & 0 & 0 & 2(1+\nu) & 0 & 0 \\ 0 & 0 & 0 & 0 & 2(1+\nu) & 0 \\ 0 & 0 & 0 & 0 & 0 & 2(1+\nu) \end{bmatrix} \qquad (8.1-5)$$

(2) 徐变应变增量：

$$\{\Delta\varepsilon_n^c\} = \{\eta_n\} + C(t_n, \overline{\tau}_n)[Q][\Delta\sigma_n] \qquad (8.1-6)$$

其中

$$\{\eta_n\} = \sum_i (1 - e^{-r_i\Delta\tau_n})\{\overline{\omega}_{sn}\} \qquad (8.1-7)$$

$$\{\overline{\omega}_{i,n}\} = \{\overline{\omega}_{i,n-1}\}e^{-r_i\Delta\tau_{n-1}} + [Q]\{\Delta\sigma_{n-1}\}\psi_i(\overline{\tau}_{n-1})e^{-0.5r_i\Delta\tau_{n-1}} \qquad (8.1-8)$$

$$\{\overline{\omega}_{i1}\} = \{\Delta\sigma_0\}\psi_i(\tau_0) \qquad (8.1-9)$$

(3) 温度应变增量：

$$\{\Delta\varepsilon_n^T\} = \{\alpha_T\Delta T_n, \alpha_T\Delta T_n, \alpha_T\Delta T_n, 0, 0, 0\} \qquad (8.1-10)$$

其中，α_T 表示线膨胀系数，当前后两时段温度小于 0℃ 时，胶凝砂砾石发生冻胀，看成"热胀冷缩"的特例，取线膨胀系数为负。其他增量的计算参考文献 [68]。ΔT_n 是时段内的变温大小。

(4) 自生体积应变增量：$\{\Delta\varepsilon_n^0\}$ 通常由试验资料得到。

8.1.2 冻融损伤机理及力学模型

根据混凝土损伤机理，国内外学者普遍认为混凝土在浇筑成型过程中，由于其水化热和质量不均匀等原因，不可避免地存在着毛细孔、孔隙及裂隙等初始缺陷，胶凝砂砾石材料由于水泥用量少，骨料粒径大，初始缺陷更多，在外荷载或变温等因素作用下，这些缺陷部位将产生高度应力集中，并逐渐扩展，

在内部形成微裂纹；此外，水泥砂浆与粗骨料的结合界面较薄弱，在外界因素作用下，将脱开而形成界面裂隙，并发展成微裂纹。在外界因素的进一步作用下，这些微裂纹将扩展、分叉、贯通而形成宏观裂缝，同时宏观裂缝的端部又因为应力集中而出现新的裂纹，甚至出现微裂纹区，这又将发展成新的宏观裂缝或体现为原有宏观裂缝的扩展。如此反复交替，宏观裂缝必将沿着一条最薄弱路径逐渐扩展，从而使材料完全断开而破坏。

8.1.2.1 损伤机理

（1）静水压力理论。Powers 于 1945 年提出静水压力假说——冻害是由材料中的水结冰时膨胀产生的静水压力引起的。水结冰时体积膨胀达 9%，若水泥石毛细孔中含水率超过某一临界值（91.7%），则孔隙中的未冻水被迫向外迁移，由达西定律可知这种水流移动将产生静水压力，作用于水泥石上，造成冻害。此压力的大小除了取决于毛细孔的含水率外，还取决于冻结速度、水迁移路径长度和水泥石渗透性等。同时指出，引气剂的有效性取决于气孔间距系数。当气孔间距足够小时，此静水压力将不会对水泥石造成破坏。1949 年，Powers 进一步定量地从理论上确定了此静水压力的大小。

（2）渗透压力理论。虽然静水压力理论的提出，与一些试验现象符合得较好，也得到许多学者的支持，但 Powers 发现静水压力理论在水泥石孔隙率高、完全饱水时，不能解释一些重要现象，如非引气浆体当温度保持不变时出现的连续膨胀，引气浆体在冻结过程中的收缩等。1975 年，Powers 又发展了渗透压力理论，并认为混凝土抗冻性应考虑水泥浆体和骨料两个方面。

1）水泥浆体的冻害。此理论认为，水泥石体系由硬化水泥凝胶体和大的缝隙、稍小的毛细孔以及更小的凝胶孔组成。这些孔中含有弱碱性溶液。随着温度下降，水泥石中大孔先结冰，由于孔溶液呈弱碱性，冰晶体的形成使这些孔隙中未冻水溶液浓度上升，这与其他较小孔中未冻溶液之间形成浓度差，这样碱离子和水分子都开始渗透：小孔中水分子向浓度高的大孔溶液中渗透，而大孔中碱离子向浓度较低的小孔溶液渗透。而由于水和碱离子在流经水泥石时，受到阻碍程度不同（碱离子受较大阻碍），两者渗透速度不同（这样水泥石在某种程度上可看作渗透膜），大孔中的水将增多，渗透压随即产生。

另外，即使孔溶液呈完全中性，当毛细孔水结冰的时候，凝胶孔中水处于过冷的状态，过冷水的饱和蒸汽压比同温度下冰的饱和蒸汽压高，将发生凝胶水向毛细孔中的冰界面渗透，直至达到平稳状态。渗透压力与静水压力最大的不同在于未冻水迁移方向。静水压力理论认为未冻水从结冰处迁向小孔，而渗透压力理论认为未冻水从小孔迁向结冰的大孔。

2）骨料的冻害。胶凝砂砾石由骨料和硬化水泥浆体所组成，其中骨料占总体积的 80%以上，因此骨料的抗冻性绝对不可忽略。通常情况下，骨料具有比水泥浆体大得多的孔隙尺寸，其大部分孔隙水在 0℃ 以下很小温度范围内就迅速冻结。当骨料接近饱和状态时，水结冰体积膨胀，没有足够空间来容纳的未冻水即被迫向外排出，产生静水压力。继而对于骨料，也存在这样一个临界尺寸 Lcr－a，当 Lcr－a 过大时，产生的静水压力将超过骨料的抗拉强度，使骨料破坏。该 Lcr－a 与骨料渗透性、冻结速度、抗拉强度和孔隙度有关。

因此，粒径小且密实的骨料具有良好的抗冻性。不难理解细骨料一般情况下都具有好的抗冻性，因其尺寸往往小于临界尺寸。即使本身抗冻的骨料，因其向周围的水泥浆体排出孔隙水，也将在水泥浆体中产生静水压力，使得薄弱的骨料-水泥浆界面区产生破坏。而引入气泡同样可以容纳从骨料中排出的未冻水，起到"卸压"的作用。

8.1.2.2 损伤模型

不管是施工期还是运行期，冻融都可能导致胶凝砂砾石材料破坏。冻融破坏影响因素复杂，相应的力学特性也难以建立起来符合实际的模型。胶凝砂砾石材料冻融损伤特性试验，在国内做得比较少，连试验方法都还没有统一规范。鉴于胶凝砂砾石材料特性和碾压混凝土相近，故其损伤模型参考混凝土进行。

引用修正 Loland 混凝土损伤模型，用于描述胶凝砂砾石弹性模量在冻融循环作用下的演化规律：

$$D = 1 - \left[(1-D_0)^{\beta+1} - \frac{C(\beta+1)\sigma_{\max}^{\beta}}{E^{\beta}} N \right]^{\frac{1}{\beta+1}} \qquad (8.1-11)$$

如果不考虑初始损伤，即 $D_0 = 0$，那么由式（8.1－11）可得

$$1 - D = \left[1 - \frac{C(\beta+1)\sigma_{\max}^{\beta}}{E_0^{\beta}} N \right]^{\frac{1}{\beta+1}} \qquad (8.1-12)$$

根据经典损伤理论可知

$$1 - D = \frac{\overline{E}}{E_0}$$

式中：E_0 为初始弹性模量，GPa；$\overline{E}$ 为损伤状态下弹性模量，GPa。

综合上述可得

$$\overline{E} = E_0 \left[1 - \frac{C(\beta+1)\sigma_{\max}^{\beta}}{E_0^{\beta}} N \right]^{\frac{1}{\beta+1}} \qquad (8.1-13)$$

式中：β 为材料参数；$\sigma_{\max}$ 为胶凝砂砾石在一个冻融循环作用内所承受的最大平均静水压力；N 为冻融循环作用次数。

同理，应用修正的 Loland 模型描述三维静水压作用下胶凝砂砾石的损伤

演化，并应用最大主应变等效到一维情况，可以得到胶凝砂砾石 N 次冻融循环作用后的体积模量：

$$\overline{W}=W\left[1-\frac{C(\beta+1)\sigma_{\max}^{\beta}}{W_0^{\beta}}N\right]^{\frac{1}{\beta+1}} \tag{8.1-14}$$

式中：W_0 为初始体积模量；$\overline{W}$ 为损伤状态下的体积模量。

由前所述，认为胶凝砂砾石冻融损伤为弹性损伤，满足以下关系：

$$\overline{W}=\frac{\overline{E}}{3(1-2\overline{\nu})} \tag{8.1-15}$$

由式 (8.1-14) 表示的损伤状态下的弹性模量和体积模量的表达式，是冻融循环作用次数的函数，冻融循环作用于胶凝砂砾石的本质如前所述是孔结构内的液相压力的作用，所以式 (8.1-14) 和式 (8.1-15) 反映了冻融循环作用下胶凝砂砾石内部的损伤演化。

由于胶凝砂砾石内部孔结构的液相压力的测量很复杂，难以试验测定式 (8.1-11) 和式 (8.1-13) 中的参数，所以就选取 $\overline{E}$ 和 $\overline{W}$ 的合理表达形式，应用宏观试验数据拟合参数的方法来建立 $\overline{E}$ 和 $\overline{W}$ 的损伤演化方程。从式 (8.1-15) 中可以看出，$\overline{E}$ 和 $\overline{W}$ 似乎不是独立的，因为宏观参量的独立性取决于细观演化的本质，在无法判断独立性的情况下，可以认为弹性模量和泊松比是相互独立的。

把式 (8.1-13) 简化可得到弹性模量随着冻融循环作用次数的演化方程：

$$\overline{E}=E_0(1-pN)^k \tag{8.1-16}$$

由式 (8.1-15) 换算并简化可得到泊松比随着冻融循环作用次数的演化方程：

$$\overline{\nu}=\frac{1}{2}-\frac{1-2\nu}{2}(1-qN)^h \tag{8.1-17}$$

以上式中：p、q、k 和 h 分别为宏观材料参数，可以由试验确定。

8.2　计算模型和假定

本章对采用胶凝砂砾石修筑的守口堡工程进行冻融仿真研究，主要以坝纵 0+097.00～0+112.00 坝段为研究对象，典型剖面如图 8.2-1 所示。为提高仿真计算的精度和减少不必要的工作量，网格剖分时充分考虑坝体材料分区（图 8.2-1），但不考虑坝体灌浆廊道的影响，同时计算域内基岩按坝段尺寸的 1.5 倍取值，即沿上下游顺水流方向，坝踵和坝址基岩分别延伸 110m，坝轴线垂直水流方向坝段两端基岩分别延伸 15m，基岩深度为 50m，河床部位按实际地形条件简化。整体网格模型如图 8.2-2 所示，其中整体网格结点总数为 17133 个，单元总数为 14835 个。

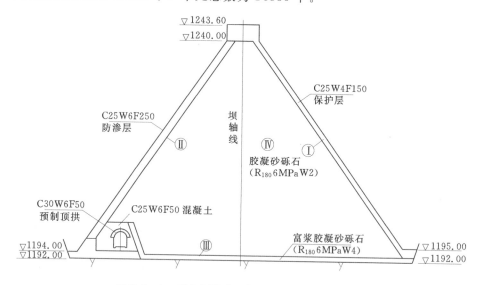

图 8.2-1 挡水坝段典型剖面（坝纵 0+100.00）

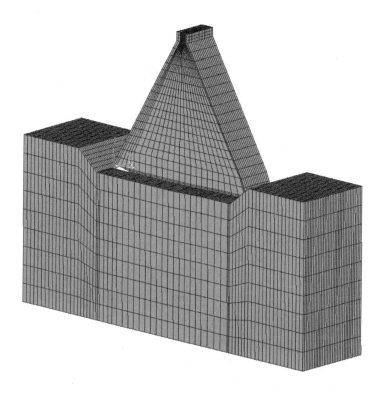

图 8.2-2 计算域整体网格模型

由于仿真计算考虑施工过程，且工程区年温度变化大，属于寒冷地区，因此需要考虑冻融的影响，使得坝体的应力状态和分布规律也复杂得多，在不同部位，决定应力状态的主导因素也不相同。就本书研究而言，主要关心的问题是工程胶凝砂砾石结构所承受的最大冻融拉应力的大小、分布规律和随时间的变化与转移特征，以便及时采用合理的针对性较强的抗冻融防裂措施。

以下文中的应力代表第一主应力，且以拉应力为正，压应力为负。

8.3 计算参数与设定

8.3.1 常态混凝土参数

工程采用的常态混凝土热学特性参数及线胀系数见表 8.3-1，常态混凝土绝热温升试验结果见表 8.3-2。

表 8.3-1 常态混凝土热学特性参数及线胀系数

材料种类	位置	强度等级	导热系数 λ /[kJ/(m·h·℃)]	导温系数 a /(m²/h)	比热 c /[kJ/(kg·℃)]	线胀系数 α /(10⁻⁶/℃)
常态混凝土	垫层	C15	9.800	0.0034	1.09	6.92
	外包	C25	9.580	0.0033	1.10	6.80
	灌浆廊道	C35	9.920	0.0033	1.13	6.26

表 8.3-2 常态混凝土绝热温升试验结果

材料种类	位置	强度等级	绝热温升 T_0	参数	
				a	b
常态混凝土	垫层	C15	20.5	0.212	0.913
	外包	C25	23.0	0.202	0.900
	灌浆廊道	C35	28.0	0.209	0.936

注 绝热温升采用复合指数形式。

混凝土轴心抗拉强度拟合公式如下。

垫层 C15 混凝土：

$$f_t(\tau) = 3.25 \times (1 - e^{-0.064\tau^{0.8}}) \text{GPa}$$

外包 C25 混凝土：

$$f_t(\tau) = 2.96 \times (1 - e^{-0.078\tau^{0.749}}) \text{GPa}$$

灌浆廊道 C35 混凝土：

$$f_t(\tau) = 4.2 \times (1 - e^{-0.0998\tau^{0.7}}) \text{GPa}$$

混凝土弹性模量拟合公式如下。

垫层 C15 混凝土：

$$E(\tau) = 38.88 \times (1 - e^{-0.431\tau^{0.307}}) \text{GPa}$$

外包 C25 混凝土：

$$E(\tau) = 33.72 \times (1 - e^{-0.652\tau^{0.219}}) \text{GPa}$$

灌浆廊道 C35 混凝土：

$$E(\tau) = 47.64 \times (1 - e^{-0.545\tau^{0.27}}) \text{GPa}$$

混凝土自生体积变形拟合公式如下。

垫层 C15 混凝土：

$$\varepsilon(\tau) = -57.3 \times (1 - e^{-0.0584\tau^{0.999}}) \times 10^{-6}$$

外包 C25 混凝土：

$$\varepsilon(\tau) = -60.5 \times (1 - e^{-0.065\tau^{0.928}}) \times 10^{-6}$$

灌浆廊道 C35 混凝土：

$$\varepsilon(\tau) = -66.1 \times (1 - e^{-0.0765\tau^{0.963}}) \times 10^{-6}$$

8.3.2 胶凝砂砾石参数

此工程采用的胶凝砂砾石（忽略外加剂影响）热学特性参数及线胀系数见表 8.3-3。

表 8.3-3　　　　　　　　　胶凝砂砾石热学特性参数及线胀系数

材料种类	位置	强度等级	导热系数 $\lambda/[\text{kJ}/(\text{m}\cdot\text{h}\cdot\text{℃})]$	导温系数 $a/(\text{m}^2/\text{h})$	比热 $c/[\text{kJ}/(\text{kg}\cdot\text{℃})]$	线胀系数 $\alpha/(10^{-6}/\text{℃})$
胶凝砂砾石	坝体	$R_{180}6\text{MPaW2}$	7.375	0.0016	0.99	5.6

根据实验结果，仿真计算拟合并采用的绝热温升模型为复合指数型。

根据工程实验资料，由于冻融/温度应力主要考虑受拉应力，根据前面的强度试验研究成果，此次仿真研究不考虑冻融影响时采用下式拟合随龄期变化的抗拉强度：

$$f_t = 0.622 \times (1 - e^{-0.42\tau^{0.35}})$$

根据工程实验和本书研究成果资料，取胶凝砂砾石弹性模量为 8GPa，并假定拉压弹性模量相同，且与强度变化规律一致，则随胶凝砂砾石龄期变化的弹性模量为

$$E(\tau) = 8 \times (1 - e^{-0.45\tau^{0.56}}) \text{GPa}$$

8.3.3 工程区气象资料

根据阳高县气象站 1972—2000 年气象要素统计资料，多年平均气温为 7.0℃。多年平均年降水量为 411.4mm，多年平均年蒸发量为 1734.2mm。多年平均风速为 2.3m/s，最大风速为 18m/s，风向为 WNW。最大冻土深度为 1.43m。

守口堡坝址当地气象资料见表 8.3-4。

表 8.3-4　　　　阳高县 1972—2000 年多年平均气候要素统计表

项　　目	月　份												全年
	1	2	3	4	5	6	7	8	9	10	11	12	
降水量/mm	1.8	4.3	8.6	15.4	33.0	57.1	110.5	102.3	52.7	17.1	6.7	1.9	411.4
气温/℃	−10	−6.6	0.5	9.2	16.1	20.2	21.6	19.9	14.5	7.8	−1.1	−7.6	7.0
风速/(m/s)	2.5	2.6	2.7	3.3	2.9	2.1	1.5	1.3	1.6	2.2	2.6	2.7	2.3
大风日数/d	0.8	1.1	2.2	4.7	4.1	2.0	0.7	0.3	0.5	0.8	1.1	0.8	19.1
蒸发量/mm	39.3	55.5	117.0	232.6	298.7	261.4	196.9	161.2	140.8	118.5	67.6	44.7	1734.2
最大冻土深度/cm	124	143	143	135	0	0	0	0	0	10	49	90	143

坝址气温多年月平均气温变化计算拟合如下，拟合结果如图 8.3-1 所示。

$$T(t) = 6.88 + 15.57 \times \cos\left[\frac{\pi}{6}(t - 6.98)\right]$$

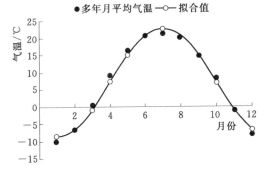

图 8.3-1　守口堡气温资料与拟合

8.4 冻融仿真试验研究

8.4.1 仿真试验依据

为了研究我国不同地区对胶凝砂砾石坝冻融特性的影响，首先应明确我国分区情况。

（1）依据《水工建筑物抗冰冻设计规范》（SL 211—2006），气候分区应根据最冷月平均气温确定。

1）严寒地区：最冷月平均气温 $T_a < -10℃$。

2）寒冷地区：最冷月平均气温 $-10℃ \leqslant T_a \leqslant -3℃$。

3）温和地区：最冷月平均气温 $T_a > -3℃$。

年冻融循环次数分别按一年内气温从3℃以上降至 $-3℃$ 以下，然后回升到3℃以上的交替次数和一年中日平均气温低于 $-3℃$ 期间设计预定水位的涨落次数统计，并取其中的大值。

（2）根据《民用建筑热工设计规范》（GB 50176—93），建筑热工设计分区的指标见表8.4-1。

表 8.4-1 建筑热工设计分区及设计要求

分区名称	分 区 指 标		设 计 要 求
	主要指标	辅助指标	
严寒地区	最冷月平均温度不大于 $-10℃$	日平均温度不大于 $-5℃$ 的天数不小于 145d	必须充分满足冬季保温要求，一般可不考虑夏季防热
寒冷地区	最冷月平均温度为0～ $-10℃$	日平均温度不大于5℃的天数为 90～145d	应满足冬季保温要求，部分地区兼顾夏季防热
夏热冬冷地区	最冷月平均温度为0～ $-10℃$，最热月平均温度为 25～30℃	日平均温度不大于5℃的天数为0～90d，日平均温度不小于25℃的天数为40～110d	必须满足夏季防热要求，兼顾冬季保温
夏热冬暖地区	最冷月平均温度大于10℃，最热月平均温度为25～29℃	日平均温度不小于25℃的天数为100～200d	必须充分满足夏季防热要求，一般可不考虑冬季保温
温和地区	最冷月平均温度为0～ $-13℃$，最热月平均温度为18～25℃	日平均温度不大于5℃的天数为0～90d	部分地区应考虑冬季保温要求，一般可不考虑夏季防热

根据《中国气候区划名称与代码 气候带和气候大区》（GB/T 17297—1998）和《民用建筑设计通则》（GB 50352—2005），不同分区对建筑基本要求见表8.4-2。

表 8.4-2 不同分区对建筑基本要求

分区名称	热工分区名称	气候主要指标	建筑基本要求
I	ⅠA ⅠB ⅠC ⅠD	严寒地区	1月平均气温不大于-10℃，7月平均气温不大于25℃，7月平均相对湿度不小于50%	（1）建筑物必须满足冬季保温、防寒、防冻等要求。 （2）ⅠA、ⅠB区应防止冻土、积雪对建筑物的危害。 （3）ⅠB、ⅠC、ⅠD区的西部，建筑物应防冰雹、防风沙
II	ⅡA ⅡB	寒冷地区	1月平均气温为-10~0℃，7月平均气温为18~28℃	（1）建筑物应满足冬季保温、防寒、防冻等要求，夏季部分地区应兼顾防热。 （2）ⅡA区建筑物应防热、防潮、防暴风雨，沿海地带应防盐雾侵蚀
III	ⅢA ⅢB ⅢC	夏热冬冷地区	1月平均气温为0~10℃，7月平均气温为25~30℃	（1）建筑物必须满足夏季防热、遮阳、通风降温要求，冬季应兼顾防寒。 （2）建筑物应防雨、防潮、防洪、防雷电。 （3）ⅢA区应防台风、暴雨袭击及盐雾侵蚀
IV	ⅣA ⅣB	夏热冬暖地区	1月平均气温大于10℃，7月平均气温为25~29℃	（1）建筑物必须满足夏季防热、遮阳、通风、防雨要求。 （2）建筑物应防暴雨、防潮、防洪、防雷电。 （3）ⅣA区应防台风、暴雨袭击及盐雾侵蚀
V	ⅤA ⅤB	温和地区	7月平均气温为18~25℃，1月平均气温为0~13℃	（1）建筑物应满足防雨和通风要求。 （2）ⅤA区建筑物应注意防寒，ⅤB区应特别注意防雷电
VI	ⅥA ⅥB	严寒地区	7月平均气温小于18℃，1月平均气温为0~-22℃	（1）热工应符合严寒和寒冷地区相关要求。 （2）ⅥA、ⅥB应防冻土对建筑物地基及地下管道的影响，并应特别注意防风沙。 （3）ⅥC区的东部，建筑物应防雷电
	ⅥC	寒冷地区		
VII	ⅦA ⅦB ⅦC	严寒地区	7月平均气温不小于18℃，1月平均气温为-5~-20℃，7月平均相对湿度小于50%	（1）热工应符合严寒和寒冷地区相关要求。 （2）除ⅦD区外，应防冻土对建筑物地基及地下管道的危害。 （3）ⅦB区建筑物应特别注意积雪的危害。 （4）ⅦC区建筑物应特别注意防风沙、夏季兼顾防热。 （5）ⅦD区建筑物应注意夏季防热，吐鲁番盆地应特别注意隔热、降温
	ⅦD	寒冷地区		

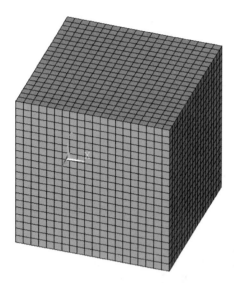

图 8.4-1 仿真试验网格模型

8.4.2 冻融（负温）深度

以 10m×10m×10m 胶凝砂砾石试块为仿真试验对象，研究不同气候地区的胶凝砂砾石有效冻融深度。设定网格密度为 0.5m，采用八结点六面体等参单元，最终网格剖分后结点总数为 9216 个，单元总数为 8000 个，仿真试验网格模型如图 8.4-1 所示，仿真计算主要热学特性参数见 8.3.2 节。

计算时，假定试块初始温度为 20℃，模拟实际工程的长期冻融循环，设定 100 年时长，计算步长为 30d，并假设仿真试验时，试块 6 个面中的 5 个面隔绝并处于绝热状态，仅留 1 个面与空气接触，并以气候分区设定 3 个工况，见表 8.4-3。

表 8.4-3 冻融深度仿真工况

工况	气候分区	边界状态	表面等效换热系数 $\beta/[kJ/(m^2 \cdot h \cdot ℃)]$	月平均最低气温/℃	日平均温度不大于 5℃ 的持续时间/d
1	严寒地区	自然散热（无风）	21.06	-20	180
2	寒冷地区	自然散热（无风）	21.06	-10	130
3	温和地区	自然散热（无风）	21.06	-3	90

仿真计算结果如图 8.4-2 所示，由图可知：

（1）严寒地区。随着时间的推移，严寒地区胶凝砂砾石试块冻融深度增加较快，如第 1 年冻融深度为 2m，到第 3 年冻融深度增加至 3m，到第 10 年达到最大为 5m，此后冻融深度不再增加。由此可知，胶凝砂砾石在严寒地区的冻融（负温）深度可达到 5m（图 8.4-2）。

（2）寒冷地区。相比严寒地区，寒冷地区胶凝砂砾石试块冻融深度也有着随时间的推移呈逐渐增加趋势，但是冻融深度相对较浅，如第 1 年冻融深度为 1m，到第 6 年冻融深度增加至 1.5～2.0m，此后冻融深度不再增加。由此可知，胶凝砂砾石在寒冷地区的冻融（负温）深度一般不超过 2.0m。

（3）温和地区。由于温和地区的负温较小且持续时间短，因此冻融深度很浅，局限于胶凝砂砾石表层部位，冻融深度基本上在前 5 年内即区域稳定，约在表层往内 0.30m。

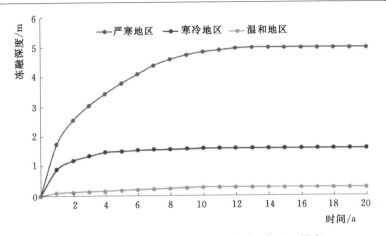

图 8.4-2 不同地区胶凝砂砾石冻融（负温）深度

8.4.3 冻融（损伤）应力

冻融（损伤）应力的计算以严寒地区为例，且冻融循环后，泊松比按式 (8.1-17) 演化，其中 $q=0.01$、$h=1.63$；依照混凝土冻融研究成果，冻胀影响发生在 $0\sim-10℃$，当温度低于 $-10℃$ 时，所有孔隙水均发生相变（结冰），冻胀不再发生；其他条件同 8.4.2 节。

由图 8.4-3 可知，随着胶凝砂砾石深度的增加，冻胀的影响时间也不相同，如表层 2m 范围内，基本上在第一个低温季节即发生冻融作用，由于严寒地区气温低，冻融深度在后几年会逐渐加深，前 5 年影响深度在 3m 左右，到第 10 年时则达到 5m 左右，此后则不再增加。需要特别指出的是，受程序及计算机性能的限制，仅能考虑月均气温变化的影响，由于大部分严寒地区低温季节月内正负气温变化显著，即实际冻融次数会更多，因此计算显示的冻融次数需乘以该地区的冻融年均数 N_i 作为年实际冻融次数。

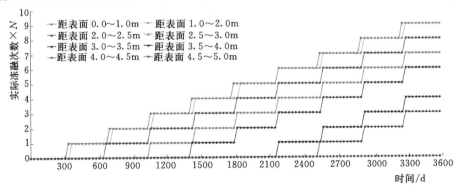

图 8.4-3 不同深度冻融次数随时间的增加情况 （N 为冻融年均数）

由图 8.4-4 可知，考虑冻融损伤后的胶凝砂砾石应力变化极为复杂，这由两方面因素引起：一是冻胀并不是持续发生的，当胶凝砂砾石温度低于−10℃时不再发生冻胀变形；二是在损伤状态下，胶凝砂砾石的力学性能（弹性模量、泊松比、强度）发生改变，影响冻融前后的应力、应变发展。在冻融与损伤状态下，严寒地区胶凝砂砾石（表层）应力维持在一个相对较高的水平，最大拉压应力均可达到 1.5MPa 左右，特别是拉应力远超过其抗拉强度。

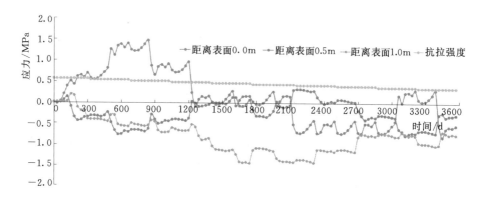

图 8.4-4　典型点冻融损伤应力随时间的变化规律

8.5　工程应用

8.5.1　计算工况及参数

此次仿真研究设定的计算工况见表 8.5-1。其中，工况 1 为考察施工期冻融温度场与应力场，研究其开裂可能性，不考虑冻融损伤；工况 2 为在工况 1 基础上采取挡风措施，研究其抗裂性，并作为考虑冻融损伤的基础工况；工况 3 为在工况 2 基础上，考虑冻融损伤影响；工况 4 与工况 5 为在工况 3 基础上，研究抗冻融措施的效果。各工况均考虑自然入仓，施工速度为 3m/10d，高程 1210.20m 为长间歇面，经历一个冬季低温季节。以下各工况分析时，温度均为摄氏温度，单位为℃，应力均为第一主应力，单位为 MPa。

根据试验结果和为了便于仿真研究，工况 3、工况 4 和工况 5 仿真计算时采用下式描述弹性模量、泊松比的损伤情况，其中 $E(\tau)$ 详见 8.3.2 节，动弹性模量变化规律如图 8.5-1 所示。

表 8.5 - 1 计 算 工 况

工况	表面换热	冻融影响	冻融损伤	其他措施	备 注
1	考虑年平均 2.3m/s 的风速影响，表面换热系数为 53.75kJ/(m² · h · ℃)	是	否	无	考察施工期冻融温度、应力场，见 8.5.2 节
2	施工期有挡风措施，表面换热系数为 21.06kJ/(m² · h · ℃)	是	否	无	考察施工期与运行期冻融温度、应力场，见 8.5.2 和 8.5.3 节
3	施工期有挡风措施，表面换热系数为 21.06kJ/(m² · h · ℃)	是	是	无	考察运行期冻融温度、应力场，见 8.5.3 节和 8.5.4 节
4	施工期有挡风措施，表面换热系数为 21.06kJ/(m² · h · ℃)	是	是	提高材料的抗冻性	考察运行期抗冻融效果，见 8.5.4 节
5	施工期有挡风措施，表面换热系数为 21.06kJ/(m² · h · ℃)	是	是	"金包银"，与守口堡设计一致	考察运行期抗冻融效果，见 8.5.4 节

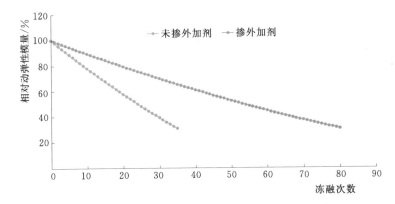

图 8.5 - 1 相对动弹性模量随冻融次数的变化规律

未掺外加剂：

$$\frac{\overline{E}}{E(\tau)} = (1 - 0.016N)^{1.43}; \quad \overline{\nu} = \frac{1}{2} - \frac{1 - 2\nu}{2}(1 - 0.016N)^{1.43}$$

掺外加剂：

$$\frac{\overline{E}}{E(\tau)} = (1 - 0.006N)^{1.81}; \quad \overline{\nu} = \frac{1}{2} - \frac{1 - 2\nu}{2}(1 - 0.006N)^{1.81}$$

此外，根据守口堡工程所在地区的特点，结合工程设计要求，设定该工程年均实际冻融次数：$N(0 \sim 1m) = 3$ 次，$N(1 \sim 2m) = 2$ 次，$N(>2m) = 1$ 次，其中 0～1m、1～2m 和 >2m 表示胶凝砂砾石的深度。数值仿真时，通过计算该单元形心与表面的距离，判断该单元在当年发生冻融作用时的有效冻融次数，例如，某单元形心距表面在 0～1m 范围内，且该单元第 1 年发生冻融，则该单元当年有效冻融次数为 3 次（程序仅考虑月均气温变化，因此只会有 1 次冻融，而加入该判断条件时，则为 1×3＝3 次），按 3 次计算冻融损伤；若次年再发生冻融，则累积为 6 次（程序按 2×3 次判断）；当由于工程原因，该单元形心距表面深度变为 1～2m ［N(1～2m)＝2 次］，且第 3 年也发生冻融时，则累计冻融次数为 6＋1×2＝8 次，依此类推。

8.5.2 施工期温度场与应力场

由于胶凝砂砾石的温度水平较低，主要温度应力是由外界环境急剧变化引起的，因此，分析时以强约束区的成果为例，如图 8.5－2～图 8.5－5 所示。

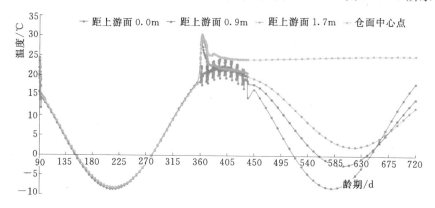

图 8.5－2 工况 1 长间歇面（高程 1210.20m）典型点温度历时曲线

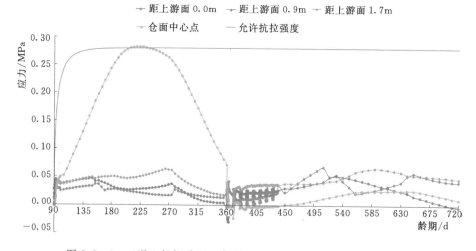

图 8.5－3 工况 1 长间歇面（高程 1210.20m）典型点应力历时曲线

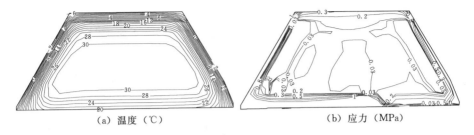

（a）温度（℃）　　　　　　（b）应力（MPa）

图 8.5-4　施工期第一个冬季低温时横断面温度与应力分布情况

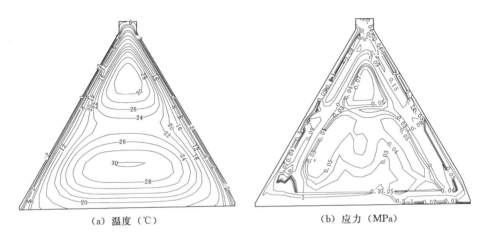

（a）温度（℃）　　　　　　（b）应力（MPa）

图 8.5-5　施工期第二个冬季低温时横断面温度与应力分布情况

由计算结果可知，胶凝砂砾石在填筑后，产生水泥水化放热反应，由于胶凝砂砾石的热惰性和坝体体积的庞大性，热量易在坝体内积聚，使温度升高，胶凝砂砾石内部最高温度可达到 35℃。此后由于存在内外温度差，坝内温度逐渐降低，越接近表面温度降低越快，且受气温变化越明显，而内部温度降低则非常缓慢，这一发展与分布规律与实际相符。

坝体填筑早期，受昼夜温差影响，坝体仓面和表面会在波动中升高或降低，相应的应力也会不断震荡变化。胶凝砂砾石填筑后前 3d，胶凝砂砾石尚未成熟，抗拉强度水平低，当昼夜温差和风速较大时，易出现过大内外温差而引起早期的表面裂缝，而当施工现场采取挡风措施后，表面拉应力可得到较好控制；胶凝砂砾石填筑 3d 后，此时即便风速和昼夜温差较大，一般也不会出现过大拉应力。

由于坝体上、下游表面和长间歇面需要经历冬季低温季节，表层胶凝砂砾石温降幅度可达 30℃，且还会受到冻胀作用，使得表面拉应力较高，如仓面中心最大拉应力达 0.28MPa，强约束区表面最大拉应力达 0.31MPa，均超过了胶凝砂砾石的允许抗拉强度（约 0.27MPa），存在较大致裂风险，施工中应予以重视，避免裸露胶凝砂砾石经历低温季节。

从大坝云图分布来看，施工期坝体温度场受分层施工影响显著，且各施工层的温度场分布为由内而外逐渐降低，中心最高温度为 32～34℃（廊道等常态混凝土部位除外），表层随气温变化而变化，形成一定的温度梯度，规律合理。应力方面，坝基垫层常态混凝土、廊道常态混凝土以及周围胶凝砂砾石的应力较高，超过 0.5MPa，其中坝基部分受地形条件影响，存在应力集中现象，计算应力值偏大，不予关注。由于胶凝砂砾石低弹性模量的特点，除长间歇面外，其余坝体各施工层、各部位的应力均较小，一般均小于 0.2MPa，不超过允许抗拉强度，一般不会产生由内而外的开裂问题。长间歇面受低温季节影响，拉应力较大，可产生接近允许抗拉强度的拉应力，应予以重视。

8.5.3 运行期冻融温度场与损伤应力场

运行期冻融温度场与损伤应力场以工况 3 为例，由于冻融损伤一般只发生在受气温变化影响大的胶凝砂砾石表层部分，因此本节重点关注表层胶凝砂砾石的冻融温度与损伤应力情况。仿真计算结果如图 8.5-6～图 8.5-9 所示，其中图 8.5-6 为运行期胶凝砂砾石表层不同深度温度场随时间的变化规律，图 8.5-7 和图 8.5-8 分别为表层胶凝砂砾石冻融次数、相对动弹性模量随时间的变化规律，图 8.5-9 为考虑损伤与不考虑损伤表层胶凝砂砾石最大拉应力对比曲线。此处说明：为便于描述考虑损伤与不考虑损伤对胶凝砂砾石的客观影响，引入抗裂安全度的概念，抗裂安全度描述为胶凝砂砾石抗拉强度与拉应力（或抗压强度与压应力）的比值，比值越大，胶凝砂砾石开裂风险越小。

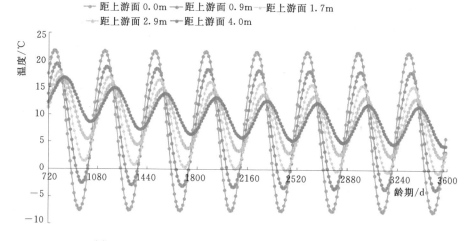

图 8.5-6　工况 3 大坝运行期典型点温度变化历时过程

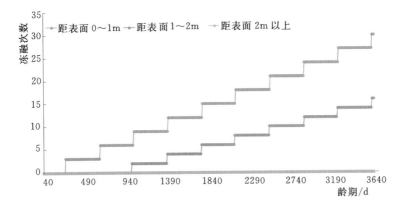

图 8.5-7　工况 3 大坝运行期冻融次数随时间的变化过程（10 年）

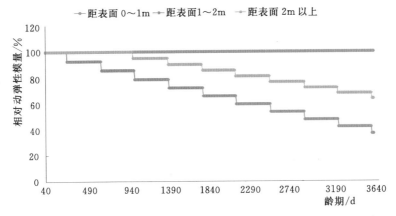

图 8.5-8　工况 3 大坝运行期相对动弹性模量随时间的变化过程（10 年）

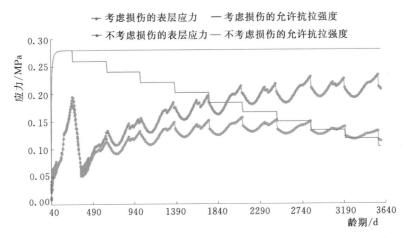

图 8.5-9　工况 2 与工况 3 大坝运行期表层应力随时间的变化过程（10 年）

由计算结果可知，胶凝砂砾石运行期温度变化与气温规律基本一致，越接近表面，胶凝砂砾石年温度变化越大且明显，深度越大则受气温影响越小且具有明显的滞后效应，与一般规律相符。胶凝砂砾石运行 10 年，负温深度在 2.0m 左右，此后负温影响深度趋于缓慢。从冻融角度而言，胶凝砂砾石距表面 0~1m 冻融次数逐年增加，运行 10 年时，冻融次数超过 25 次，弹性模量仅剩 3000MPa（相对动弹性模量 40%），距表面 1~2m 冻融次数为 10 次左右，弹性模量为 5500MPa（相对动弹性模量 70%），超过 2m 则不发生冻融现象。因此，对于未改性（或未掺外加剂）的胶凝砂砾石（允许冻融次数 25 次）而言，深度小于 1m 冻融破坏极易发生，而深度在 1~2m 也存在潜在的冻融破坏可能性。

应力方面，不考虑损伤时，即冻融作用下弹性模量、泊松比不损伤，表层拉应力较大，稳定拉应力在 0.23MPa 左右，允许抗拉强度为 0.27MPa（强度也不损伤），一般不会出现拉裂破坏；当考虑损伤时，由于冻融作用下弹性模量、泊松比随冻融次数的增加不断损伤而减小，产生的拉应力较小，约 0.15MPa 左右，但是由于强度损伤，允许抗拉强度则低于 0.15MPa，即除了冻融破坏外，还存在拉裂破坏的风险。从抗裂安全度来看，不考虑损伤的抗裂安全度在运行期均大于 2.0，而考虑损伤时则在运行第 9 年时出现低于 2.0 的情况，开裂风险大幅增加。可见，考虑损伤时胶凝砂砾石结构破坏风险较大，应在仿真研究中重视冻融损伤的影响。

8.5.4　抗冻融措施研究

胶凝砂砾石坝抗冻融措施一般有两种：一种是提高胶凝砂砾石材料的抗冻性，如掺外加剂改性，提高抗冻融能力；另一种是采取工程措施，避免运行期胶凝砂砾石坝体受到冻融影响，如常见的"金包银"措施。针对这两种措施，设定工况 4 和工况 5 进行仿真计算与分析，计算结果如图 8.5-10～图 8.5-15。其中，图 8.5-10 为工况 4 大坝运行期相对动弹性模量随时间的变化过程，图 8.5-11 为工况 3 与工况 4 大坝运行期表层应力随时间的变化过程，图 8.5-12 和图 8.5-13 为工况 5 典型高程仓面点温度和应力历时曲线，图 8.5-14 和图 8.5-15 为工况 5 强约束区典型点温度和应力历时曲线。

由结果可知，同样冻融次数下，改性后的胶凝砂砾石弹性模量损伤程度明显降低，10 年后表层 0~1m 的弹性模量仍有 6000MPa（相对动弹性模量 74%），而表层 1~2m 则有 7000MPa（相对动弹性模量 82%），比不改性情况（工况 3）明显改善，10 年内出现冻融破坏概率减小。应力方面，改性后的胶凝砂砾石表层应力增大，约 0.18MPa（未改性为 0.15MPa），但并未超过允许抗拉强度 0.2MPa，其运行期的抗裂安全度也均超过 2.0，说明改性后的胶凝砂砾石一般不会因受拉破坏。

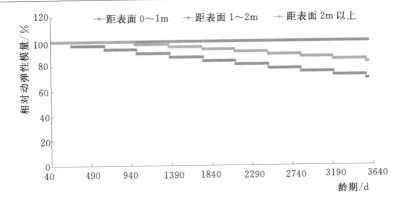

图 8.5-10 工况 4 大坝运行期相对动弹性模量随时间的变化过程（10 年）

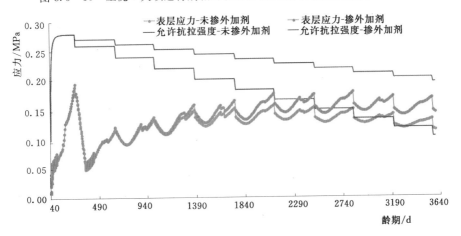

图 8.5-11 工况 3 与工况 4 大坝运行期表层应力随时间的变化过程（10 年）

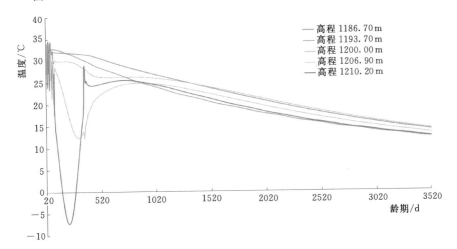

图 8.5-12 工况 5 典型高程仓面点温度历时曲线

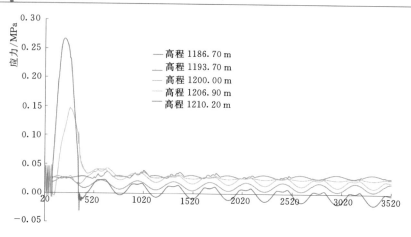

图 8.5-13　工况 5 典型高程仓面点应力历时曲线

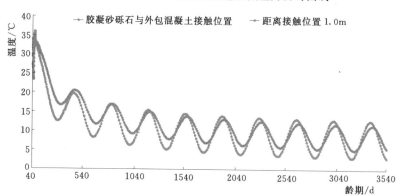

图 8.5-14　工况 5 强约束区典型点温度历时曲线

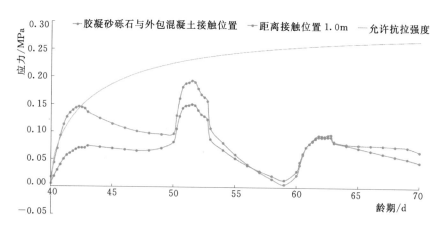

图 8.5-15　工况 5 强约束区典型点应力历时曲线

采用"金包银"措施后，受外包混凝土（厚2m）保护，除长间歇面施工期的受冻融影响外，胶凝砂砾石在运行期基本没有受冻现象，可以不考虑冻融破坏的问题。但是，由于外包混凝土与胶凝砂砾石两种材料性能的差异，在其结合面处会出现较大的拉应力，如强约束区结合面位置在施工后3d左右可达到0.14MPa的拉应力，超过即时允许抗拉强度，易出现结合面拉裂问题，应给予关注。

8.6 本章小结

本章采用有限元数值分析手段研究胶凝砂砾石的冻融特性，主要结论如下。

（1）通过冻融温度场仿真试验，得到不同地区胶凝砂砾石的冻融（负温）深度，其中严寒地区（月最低气温小于−10℃）冻融深度可达5m，寒冷地区（月最低气温为−3～−10℃）冻融深度为2m，温和地区（月最低气温大于−3℃）冻融深度为0.3m。这一结果可为不同地区胶凝砂砾石结构设计与施工的抗冻措施提供参考。

（2）通过冻融应力场仿真试验，得到了胶凝砂砾石冻融次数和冻融损伤应力的变化规律。由于冻融导致胶凝砂砾石力学特性（弹性模量、泊松比和强度）的损失，使得胶凝砂砾石受冻区域的应力规律极为复杂，拉应力最大可达1.5MPa，易导致拉裂破坏。

（3）以守口堡胶凝砂砾石坝为实例，展开了施工期、运行期冻融温度场与损伤应力场的仿真计算与分析，主要结果如下。

1）胶凝砂砾石坝施工期坝内最高温度可达32～34℃（不含混凝土区域），下部体积大的高、上部体积小的低，考虑到工程区年气温变化明显（月均21.6～−10℃），内表温差较大，说明胶凝砂砾石坝施工期存在较显著的温度效应，需要关心其温度应力问题。

2）胶凝砂砾石坝弹性模量小，施工期坝内应力水平较低，维持在0.2MPa以内，一般不会产生内部拉裂破坏，但强约束区裸露表面和长间歇面在低温季节则能产生0.3MPa左右的拉应力，超过其允许抗拉强度，开裂风险较大，工程上应予以重视。施工过程中通过挡风、冬季低温季节采取保温措施可有效控制表面拉应力过大现象。

3）运行期胶凝砂砾石坝经历10年可进入准稳定期，冻融深度也趋于稳定，约2m，其中小于1m区域冻融次数可达到30次，1～2m区域冻融次数为15次，大于2m区域不发生冻融。因此，对于不改性的胶凝砂砾石应特别关注深度2m范围内的冻融破坏问题，可采用改性或"金包银"措施予以解决，推荐后者。

4）胶凝砂砾石抗冻性越差，弹性模量、泊松比、强度等力学性能在循环冻融作用下降低越快，产生的应力就越小，但抗裂安全度也越低。计算结果显示，不考虑损伤、考虑损伤不改性和考虑损伤改性的胶凝砂砾石运行期最大拉应力分别为 0.23MPa、0.15MPa 和 0.18MPa，相应抗裂安全度分别为 2.5、1.8 和 2.4，可见，不改性的胶凝砂砾石除易冻融破坏外，还易发生拉裂破坏。

5）通过抗冻措施研究表明，改性的胶凝砂砾石能够有效地提高抗冻融和抗拉裂能力，但受胶凝砂砾石本身特性的影响，仍不能满足永久性水工建筑物的使用要求。只要确保外包混凝土的抗冻性，"金包银"措施能有效地保护坝内胶凝砂砾石免受冻融影响，更加符合永久性水工建筑物的要求。

参 考 文 献

［1］　P K Mehta. Greening of the concrete industry for sustainable development ［J］. Concrete International，2002（7）：23－27.

［2］　P K Mehta. Concrete technology for sustainable development－an overview of essential principles ［R］. Ottawa，Canada，1998.

［3］　P Richard，M H Cheyrezy. Reactive powder concretes with high ductility and 200－800MPa compressive strength ［R］. San Francisco，1994.

［4］　王政. 建筑材料对生态环境有双重作用　人们呼唤生态建筑材料 ［J］. 建材工业信息，2001（7）：4－6.

［5］　张长清，徐文胜，路志军. 可持续发展战略对建筑材料开发的影响 ［R］. 第四届全国高性能混凝土学术研讨会，2002.

［6］　廉慧珍，吴中伟. 混凝土的可持续发展与高性能胶凝材料——高性能胶凝材料的实验研究之一 ［J］. 混凝土，1998（6）：8－12.

［7］　Raphael J M. The optimun gravity dam ［C］∥Rapid Construction of Concrete of Concrete Dams. New York，ASCE，1970：221－244.

［8］　I Nagayama，et al. Development of the CSG construetion method for sediment trap dams ［J］. Civil Engineering Journal，1999，41（7）：6－17.

［9］　Xin Cai，Yingli Wu，Xingwen Guo，et al. Research review of the cement sand and gravel（CSG）dam ［J］. Frontiers of Architecture and Civil Engineering，2012，6（1）：19－24.

［10］　Raphael J M. The soil－cement dam ［J］. University of California Berkeley CSA，1976.

［11］　Londe P. Discussion of the question 62：new developments in the construction of concrete dams ［R］. 16th ICOLD Congress，San Francisco，1988.

［12］　M E Omran，Z Tokmechi. Sensitivity analysis of symmeterical hardfill dams ［J］. Middle－East Journal of Scientific Research，2010，6（3）：251－256.

［13］　Kun Xiong，Yonghong Weng，Yunlong He. Seismic failure modes and seismic safety of Hardfill dam ［J］. Water Science and Engineering，2013，6（2）：199－214.

［14］　T Hirose，et al. Design concept of trapezoid－shaped CSG dam ［C］∥Proceedings 4th International Symposiunm on Roller Compacted Concrete Dams. Madrid，2003：457－464.

［15］　贾金生，李新宇，马锋玲. 胶凝砂砾石材料特性研究及其应用 ［R］. 北京：中国水利水电科学研究院，2004.

［16］　郑璀莹. 胶凝砂砾石筑坝技术 ［R］. 北京：中国水利水电科学研究院，2004.

［17］　Londe P，Lino M. The faced symmetrical hardfill dam：a new concept for RCC ［J］. International Water Power and Dam Construction，1992（2）：19－24.

[18] 张化强，张防修．胶凝砂砾石坝设计理论探讨［J］．水利科技与经济，2011，17（10）：37－38.
[19] 郑璀莹，贾金生，杨会臣，等．胶凝砂砾石坝的设计准则［R］．中国大坝协会．
[20] 蒋国澄．我国混凝土面板堆石坝的发展与经验［J］．水力发电，1999（10）：45－48.
[21] 蒋利学，张誉．混凝土碳化深度的计算与试验研究［J］．混凝土，1996（4）：12－17.
[22] 朱安民．混凝土碳化与钢筋混凝土耐久性［J］．混凝土，1992（6）：18－22.
[23] 许丽萍，黄士元．预测混凝土中碳化深度的数学模型［J］．上海建材学院学报，1991，4（4）：347－357.
[24] 牛荻涛，陈亦奇，于澎．混凝土结构的碳化模型与碳化寿命分析［J］．西安建筑科技大学学报，1995，27（4）：365－369.
[25] 张誉，蒋利学．基于碳化机理的混凝土碳化深度实用数学模型［J］．工业建筑，1998，28（1）：16－19.
[26] Mangat P S，Molloy B T. Prediction of long term chloride concentration in concrete［J］．ACI Materials and Structures，1994，27（6）：338－346.
[27] Boddy A，Bentz E，Thomas M D A，et al. An overview and sensitivity study of a multimechanistic chloride transport mode［J］．Cement and Concrete Research，1999，29（6）：827－837.
[28] 金伟良，张苑竹．预测混凝土氯离子分布的新方法［J］．浙江大学学报，2004，38（2）：195－199.
[29] 龚洛书，刘春圃．混凝土的耐久性及其防护修补［M］．北京：中国建筑工业出版社，1990.
[30] 邓正刚，李金玉，曹建国，等．安全抗冻混凝土技术条件国内外概况综述［C］//重点工程混凝土耐久性研究与工程应用．北京：中国建材工业出版社，2000.
[31] Pigeon M，Pleau R. Durability of concrete in cold climates［M］．CRC Press，1995.
[32] 王玲，田培，姚燕，等．碱-集料反应破坏发生条件研究［C］//重点工程混凝土耐久性研究与工程应用．北京：中国建材工业出版社，2000.
[33] 田培，王玲，姚燕，等．碱-集料反应破坏特征［C］//重点工程混凝土耐久性研究与工程应用．北京：中国建材工业出版社，2000.
[34] 卢都友，吕忆农，莫祥银，等．国外预防碱-集料反应的规程及评估方法评述［C］//重点工程混凝土耐久性研究与工程应用．北京：中国建材工业出版社，2000.
[35] 刘西拉，苗澎柯．混凝土结构中的钢筋腐蚀及其耐久性计算［J］．土木工程学报，1990，23（4）：69－78.
[36] 牛荻涛，王庆霖，王林科．锈蚀开裂前混凝土中钢筋锈蚀量的预测模型［J］．工业建筑，1996，26（4）：8－10.
[37] 屈文俊，张誉，张伟平．混凝土胀裂时钢筋锈蚀量的确定［J］．工程力学，1997（A02）：12－16.
[38] 金伟良，鄢飞，张亮．考虑混凝土碳化规律的钢筋锈蚀率预测模型［J］．浙江大学学报，2000，34（2）：158－163.
[39] 赵羽习，金伟良．锈蚀钢筋与混凝土黏结性能的试验研究［J］．浙江大学学报，2002，36（4）：352－356.

[40] 邢林生，聂广明．混凝土坝坝体溶蚀病害及治理 [J]．水力发电，2003，29（11）：60-63．

[41] Ｂ Ｍ 莫斯克文，Φ Ｍ 伊万诺夫，等．混凝土和钢筋混凝土的腐蚀及其防护方法 [M]．倪继淼，何进源，孙昌宝，等，译．北京：化学工业出版社，1998．

[42] Carde C，Francois R. Modeling the loss of strength and porosity increase due to the leaching of cement pastes [J]. Cement and Concrete Research，1999，21（3）：181-188.

[43] Carde C，Francois R，Torrenti J M. Leaching of both calcium hydroxide and C-S-H from cement paste：Modeling the mechanical behavior [J]. Cement and Concrete Research，1996，26（8）：1257-1268.

[44] 方坤河，阮燕．混凝土允许渗透坡降的研究 [J]．水力发电学报，2000（69）：8-16．

[45] Haga K，Sutou S. Effects of porosity on leaching of Ca from hardened ordinary Portland cement paste [J]. Cement and Concrete Research，2005，35（9）：1764-1775.

[46] Saito H，Deguchi A. Leaching tests on different mortars using accelerated electrochemical method [J]. Cement and Concrete Research，2000，30（11）：1815-1825.

[47] 杨虎，蒋林华，张妍．基于溶蚀过程的混凝土化学损伤研究综述 [J]．水利水电科技进展，2008（1）：83-89．

[48] 李金玉，曹建国，徐文雨，等．混凝土冻融破坏机理的研究 [J]．水利学报，1999（1）：41-49．

[49] 姜双伦，姬立德，吴会强．混凝土的冻融破坏与外加剂 [J]．混凝土，2001（2）：54-55．

[50] 徐峰，王琳，储健．提高混凝土耐久性的原理与实践 [J]．混凝土，2001（9）：21-24．

[51] Pigeon M，Lachance M. Critical air void spacing factor for concretes submitted to slow freeze-thaw cycle [J]. ACI Journal，1981，78（4）：282-291.

[52] Pigeon M. Freeze-thaw durability versus freezing rate [J]. ACI Journal，1985，82：684-692.

[53] Chatterji S. Aspect of the freezing process in a porous materials-water system Part Ⅰ：freezing and the properties of water and ice [J]. Cement and Concrete Research，1999，29（4）：627-630.

[54] Chatterji S. Aspect of the freezing process in a porous materials-water system Part Ⅱ：freezing and the properties of frozen porous materials [J]. Cement and Concrete Research，1999，29（6）：781-784.

[55] 程云虹，闫俊，等．粉煤灰混凝土抗冻性能试验研究 [J]．低温建筑技术，2008（1）：1-3．

[56] 范沈抚．高强硅粉混凝土的抗冻性及气泡结构性能的试验研究 [J]．水利学报，1990（7）：20-25．

[57] ACI committee 226. Silica fume in concrete [J]. ACI Mat. Journal，1987，84（2）：158-186.

[58] Richard Gangne，Alain Boisvert，Michel Pigeon. Effect of superplasticizer dosage on

mechanical properties, permeability, and freeze – thaw durability of high – strenth concretes with and without silica fume [J]. ACI Mat. Journal, 1996, 93 (2): 111 – 120.

[59] Peter M Gifford, Jack E. Gillott. Freeze – thaw durability of activated blast furnace slag cement concrete [J]. ACI Mat. Journal, 1996, 93 (3): 242 – 245.

[60] 高建明, 王边, 等. 掺矿渣微粉混凝土的抗冻性试验研究 [J]. 混凝土与水泥制品, 2002, 5: 3 – 5.

[61] 陈霞, 曾力, 何蕴龙, 等. Hardfill 坝材料的渗透溶蚀性能 [J]. 武汉大学学报（工学版）, 2009, 42 (1): 42 – 45.

[62] 贾金生, 陈祖坪, 马锋玲, 等. 胶凝砂砾石坝筑坝材料特性及其对面板防渗体影响的研究 [R]. 北京: 中国水利水电科学研究院, 2004.

[63] 何蕴龙, 彭云枫. Hardfill 坝筑坝材料工程特性分析 [J]. 水利与建筑工程学报, 2007, 5 (4): 1 – 6.

[64] 冯炜, 贾金生. 胶凝砂砾石坝坝体和保护层材料的耐久性能研究 [J]. 水利学报, 2013, 44 (4): 500 – 504.

[65] 朱伯芳. 大体积混凝土温度应力与温度控制 [M]. 北京: 中国电力出版社, 1998: 8 – 16.

[66] 朱岳明, 刘勇军. 确定温度特性多参数的立方体试验及反演分析 [J]. 岩土工程学报, 2002, 24 (2): 175 – 177.

[67] 朱伯芳. 考虑温度影响的混凝土绝热温升表达式 [J]. 水力发电学报, 2003 (2): 69 – 74.

[68] 张子明, 郭兴文, 杜荣强. 水化热引起的大体积混凝土墙应力与开裂分析 [J]. 河海大学学报, 2002, 30 (5): 12 – 16.

[69] 王甲春, 阎培渝, 韩建国. 混凝土绝热温升的实验测试与分析 [J]. 建筑材料学报, 2005, 8 (5): 446 – 451.

[70] 方坤河, 曾力, 吴定燕, 等. 碾压混凝土抗裂性能的研究 [J]. 水力发电, 2004, 30 (4): 24 – 27.

[71] 吴海林, 彭云枫, 袁玉琳. 胶凝砂砾石坝简化施工温控措施研究 [J]. 水利水电技术, 2015 (1): 79 – 84.

[72] 龚洛书, 柳春圃. 混凝土的耐久性及其防护修补 [M]. 北京: 中国建筑工业出版社, 1990.

[73] Powers T C. A Working hypothesis for further studies of frost resistance of concrete [J]. ACI Journal, Proceedings, 1945, 16 (4): 245 – 272.

[74] Powers T C. The air requirement of frost – resistance concrete [J]. Proceedings of Highway Research Board, 1949, 29: 184 – 202.

[75] Powers T C. Freezing effect in concrete [M]// Scholer C F. Durability of Concrete. Detroit: American Concrete Institute, 1975: 1 – 11.

[76] Litvan G G. Frost action in cement in the presence of De – Icers [J]. Cement and Concrete Research, 1976, 6 (3): 351 – 356.

[77] 邹超英, 赵娟. 冻融作用后混凝土力学性能的衰减规律 [J]. 建筑结构学报, 2008, 29 (1): 117 – 138.

[78] Zou Chaoying, Zhao Juan, Liang Feng. Experimental study on stress – strain relation-

ship of frost‐resistant concrete ［C］∥ Proceedings of the Eighth International Symposium on Structural Engineering for Young Exports. Beijing：Science Press，2004：1038－1042.

［79］ Wei Jun，Wu Xinghao，Zhao Xiaolong. A model forconcrete durability degradation in freeze‐thawing cycles ［J］. Acta Mechanica Solida Sinica，2003，16（4）：353－358.

［80］ 刘崇熙，汪在芹. 坝工混凝土耐久寿命的衰变规律 ［J］. 长江科学院院报，2000，17（2）：18－21.

［81］ 冀晓东，宋玉普，刘建. 混凝土冻融损伤本构模型研究 ［J］. 计算力学学报，2011，28（3）：461－467.

［82］ 朱岳明，徐之青，贺金仁，等. 混凝土水管冷却温度场的计算方法 ［J］. 长江科学院院报，2003，20（2）：19－22.

［83］ 冯炜. 胶凝砂砾石坝筑坝材料耐久性能研究及新型防护材料的研发 ［J］. 水利学报，2013，44（4）：500－505.